智元微库
OPEN MIND

成 长 也 是 一 种 美 好

Think
Like
the
Leading
Scientists

科学家的思维方式

给孩子的
24 堂思维启蒙课

高庆一　著

人民邮电出版社
北京

图书在版编目（ＣＩＰ）数据

科学家的思维方式 ：给孩子的24堂思维启蒙课 ／ 高
庆一著. -- 北京 ：人民邮电出版社，2024.6
ISBN 978-7-115-64230-1

Ⅰ．①科… Ⅱ．①高… Ⅲ．①科学思维－青少年读物
Ⅳ．①B804-49

中国国家版本馆CIP数据核字(2024)第075868号

◆　　　　著　高庆一
　　　责任编辑　王　微
　　　责任印制　周昇亮

◆人民邮电出版社出版发行　　　　北京市丰台区成寿寺路11号
　邮编 100164　　电子邮件 315@ptpress.com.cn
　网址 https://www.ptpress.com.cn
　涿州市京南印刷厂印刷

◆ 开本：880×1230　1/32
　印张：7　　　　　　　　　　　2024年6月第1版
　字数：120千字　　　　　　　2025年5月河北第3次印刷

定　价：69.80元

读者服务热线：（010）67630125　印装质量热线：（010）81055316
反盗版热线：（010）81055315

推荐序一

科学是"高大上"的东西吗

年轻的孩子们，你们好，我叫王乃彦，是一名科技工作者，在中国原子能科学研究院担任研究员。别看我已经快 90 岁了，我依然和你们一样，有着对科学知识的好奇心，现在还坚持在科研工作的一线上。

在科学文化教育节目《大先生》中，我欣闻高庆一博士致力于科普内容创作多年，喜逢《科学家的思维方式：给孩子的 24 堂思维启蒙课》即将面世，我受邀拟一则推荐语。谨以此篇，望高庆一博士的新作能为年轻的孩子们带来新的科学启迪。

很多人认为，科学研究是一件晦涩深奥的事情，只有"聪明人"才能从事科学研究工作，才能进入中国原子能科学研究院这样的地方。事实上，科学绝不是高深莫测的东西。可以说科学家是一群聪明的人，但社会上的各行各业中都有很多聪明的人在认真做事，比我聪明的人比比皆是。

20 世纪 40 年代，我在福州第一中学读书，当时的经济条件不比现在，我的物理老师一边拉动着用纸做的飞机模型，一边讲解着飞机如何起飞、怎么下降、机翼有哪些作用；回家后，我一边回忆讲课要点，一边做起了自己的纸飞机，越做越起劲，根本停不下来。老师还带着同学们用矿石做收音机，我和其他同学就围着老师边学边做，对小小的成果兴奋不已。稍微攒下一点钱，我就迫不及待地去买材料自己做。有了兴趣之后，不用父母和老师督促，我自己就钻进去了，课余时间也被物理实验占据。

事实上，在几十年前，由于社会发展尚不平衡，很多聪明的孩子因为从小没有得到启发而被埋没，我只是相对幸运的那一个。老师对我的点拨，以及环境对我的熏陶，为我种下了科学梦想的种子。后来，我报考了清华大学电机工程与应用电子技术系和北京大学物理系，并被北京大学录取。毕业后，我来到了中国原子能科学研究院工作，从此与"核"结缘。

高庆一博士在"复利思维"的章节中提到了我，承文中一言，思维的威力是极其巨大的，正确的科学思维是科学工作取得成功的先决条件。

科学思维是一种强大的思维方式，这种思维方式不仅在科学领域中有用，而且在日常生活的各个领域中也发挥着重要作用。科学思维能够培养好奇心和批判性思维，让你们不只是被动接受知识，更能主动提出问题、寻找答案，并在解决问题时展现出变通性。这些都是成为科学家的优秀潜质。

培养青少年科学思维的关键在于兴趣的引导。如果教育者把科学形容得枯燥无趣，硬逼着学生做功课，这样就不可能激发学生主动探究的意愿。教育者应该尝试去做学生的朋友，通过启发，让他们产生兴趣，他们才能真正地学好、做好。

高庆一博士的新作以生动的话语、形象的图文配合，展现出了亲切感和浓厚的趣味性。相信这是一部能激发你们的兴趣，并让你们在兴趣中受益的科学读本。

青少年就像刚播下的小苗，需要优质的空气、土壤、养分等，才能茁壮成长。科学家不仅要好好做研究，还要培养年轻一代，从青少年时期起就培养他们的科研兴趣。这是我 30 年来一直关注青少年科普的原因。我想，这也是高庆一博士持续创作科普内容的社会责任感。

再次感谢高庆一博士的邀请，祝君与君之新作一切顺遂。

中国科学院院士、核物理学家　王乃彦

推荐序二

　　人工智能专家高庆一博士，写了这本小小的书。仔细读来，内容明晰却不简单。推荐大家阅读！

　　我们常说，天才的思维方式异于常人。可他们是怎么异于常人的？很多人表示，不知道。

　　那么，作为常人，总该知道自己的思维方式吧？似乎也不清楚。

　　所以，在思维这个层次上，我们多半是不知己也不知彼的。

　　高庆一博士这本书，总结提炼了科学家的 24 种思维方式。用它们反观自己，也就能做到知己知彼了。

　　这本书表面上讲的是一些很有趣的故事，但它不仅仅是个索引指南，更是一面镜子、一把尺子和一条鞭子。它能让我们认清自己、测量差距，督促我们进步。这本书不但短小精悍，而且着实有趣、有益、有用，值得一读。

那么，谁适合读这本书？

虽然作者说是写给青少年的，但这本书同样适合家长。

世界上没有所谓的笨人，只是每个人的聪明之处不同而已。每个父母都有一堆心得想告诉孩子，但往往不知从何说起。用这本书当引子，多半能说得出、说得好。作为家长的你有多久没为孩子捧起书本了？试试这个办法吧。

怎样读这本书呢？

强烈建议家长和孩子一起读，而且要读出声来。人生虽长，但能陪着孩子一起探索知识海洋的时间或许也不过十来年。亲子共同读书的回忆，会是一个人一生的珍宝，千万不要错过。

这本书写得通俗易懂、深入浅出，正适合亲子共读，可别辜负了作者一片心意哦。

中国电子企业协会副会长　宿东君

前言

致未来的你

未来的科学家：

你好，我是高庆一，一名来自 2024 年的人工智能学者，欢迎走进我的大脑。

相信很多同学会在日常生活中感叹："我要是有科学家的大脑，学东西一定很快。"确实，科学家的大脑对普通人来说真的很"诱人"。爱因斯坦的大脑就曾经被人偷走研究过一阵子。不过，我可不会教你去偷科学家的大脑，而是教你如何与他们的大脑进行连接，"挖出"这些超级大脑里的思维方式。

其实，作为人工智能学者，我对人类的大脑同样非常好奇。近年来，我也通过各种工作的机缘，切身接触到了很多真正的国之重器，以及科技与未来发展的重要方向，比如中国散裂中子源、激波风洞、纳米发电机、可控核聚变等，并且与这些领域的专家、院士进行了对谈。对谈后，我的脑海中突然冒出一个想法：虽然我们无法拥有科学家的大脑，但我可以通过国内外科学家的故事、通过我观察到的科学发展趋势，梳理总结一些能让年轻的你学习的方法呀！有了这些方法，就可以形成指导我们行为的科学范式，形成适合我国青少年的科学家思维方式，这与拥有科学家的大脑岂不是异曲同工！

听到这儿，你可能会觉得，有这些方法不就够了吗，为什么还要学他们的思维方式呢？因为，在你掌握这些思维方式后，方法、范式也就应运而生了。如果我们从小就能通过某些训练拓展科学思维体系、养成科学思维习惯，那么未来在我们的科学知识不断迭代的过程中，我们要做的只是把新知识与原有的科学思维体系和科学知识框架相匹配，这样就能实现终身学习，不断汲取新鲜的知识，保持持续的竞争力。听起来是不是特别激动人心？

好，回头说说这本书吧。我先透露一下——在书里，我会讲到很多生动有趣的思维方式，比如"滚雪球思维"，它也叫复利思维。它的核心观点就是利用每天一点一滴的进步，像滚雪球一样，让你最终实现人生的质变。其实，不管以后我们学什么专业、进入什么领域工作，都需要持续成长，需要不断地将原有的知识与最新的知识、技能、内容相结合。虽然我们每天的时间有限，能学到的东西也有限，但你一定要保证每个今天都比昨天有所收获，并且持之以恒。这样一来，你不仅能在自己的专业领域得到发展，而且能像我一样，在人工智能研究领域、商业模式创新领域、媒体和公众传播领域……做到跨界成长。

再比如，还有一章我非常喜欢，它讲的是概率思维。一听到"概率"，你可能会以为是在上数学课。不是的，我们的概率思维课，是要教大家从概率的角度，具体分析某件事可能出现几种结果，每种结果的影响因素是什么，各自可能的占比又有多高。然后，通过对概率的分析决定我们要选择哪一种操作方式。有同学可能会问："假如一件事发生的概率为零，还有判断的意义吗？"其实，在概率学里，零概率事件并不代表"不可能发生"，而是在你选取的样本空间里没有发生。所以，人生其实就是一场概率的博弈，我们努力的目标，实际上就是让我们付出努力后的结果更大概率地趋近当初的设想。

总的来说，这本书也是一门让大家收获未来的课程。它就像一个万用软件，或者说一套脑机接口设备。俗话说"授人以鱼，不如授人以渔"，你可以把这门课程当作一个钓鱼竿，它不仅能让你接触到前沿科技的相关信息和很有用的思维方式，还能让你随着钓鱼竿的伸长、时间的推移，得到一枚未来可扩展、模块化的成长"芯片"，而这枚"芯片"，正是科学家的思维结晶。

那么，为什么是由我来为你讲这门课程呢？

首先，作为一名人工智能学者，我自认为在专业认知上的能力还挺扎实的。其次，我还是一个三岁孩子的父亲，作为一个新手奶爸，我一直在思考怎样让孩子从小建立一套科学的思维方式。最后，更重要的是，我有大量的工作机会，能够与科技发展领域的重量级科学家们面对面交谈，向他们深入请教，再细致地反复思考。这些机缘，能让我从不同的视角去挖掘、整理、分析他们的观点，为你编织科学的思维网。因此，希望我的讲述能为你打开一扇新的大门。

思路决定出路，创新发展未来。接下来，请随我一起进入科学家的大脑，探索思维的国度，挖掘他们超乎常人的思维方式，实现智慧的跃迁吧！

本书使用方法

　　就像在田里挖土豆需要称手的农具，在科学家们的大脑中获得科学思维也需要有用的方法。下面是我为你准备的四种工具，也是阅读本书的四种方法。

- 听我讲几个**有趣的故事**，认识几个科学家，看看他们是如何运用独特的思维方式解决工作中的问题的。

- 我帮你把故事里的科学思维生成为一目了然的**思维导图**，方便你在学习和生活中独自解决问题。

- 当你在书中看到🔊标志时，可以在赠品海报中找到并扫描**二维码**，补充更多高级的知识点，养成你的跨学科思维习惯，领先他人一步。

- 还有一个隐藏彩蛋：学习给生成式人工智能下**指令**（prompt）。现在是人工智能时代，使用人工智能可是人人都要熟练掌握的技能，你也不例外。

目录

01

复利思维

让我们从一个古老的故事开始讲起。

故事发生在古印度。古印度有个国王,他为了奖赏发明国际象棋的人,许诺可以满足这个人提出的任何要求。但是,发明者不要金子也不要银子,只要大米。国王很诧异,便问:"你想要多少米呢?"发明者说:"国际象棋的棋盘上有 64 个格子,我要在第一格放一粒米,第二格放两粒米,第三格放四粒米,第四格放八粒米……以此类推,只要每个格子里的大米数量是前一格的两倍,直到放满最后一个格子就可以,这些米就是我想要的奖励。"

国王一听，扑哧一声笑了。他马上吩咐士兵搬出粮仓的米往棋盘上摆。可谁承想，还没摆到一半的格子，整个粮仓的米都用光了！这时，国王才发现，就算把全国的米都赏赐给他，恐怕也填不满棋盘的最后一格。紧接着，有人粗略地估算了一下摆满棋盘所需要的大米的重量，居然是大约 4000 亿吨！要知道，2022 年全世界大米的产量也只有约 5 亿吨。别说这个王国，就算把全世界收获的大米都填在棋盘上，至少也需要 800 年才能完成。这个奇妙的小故事告诉我们，即便是很小的东西，当其数量不断累积时，产生的力量也是极为强大的。

现在，跟我一起动手来做一个实验。你需要先拿出一张白纸，然后，请你将它对折、再对折，继续对折。如此反复操作，

你可以试试这张白纸最多能被对折几次。由于选用的白纸厚度不同，每位同学折叠的次数可能有所不同，比如有的是 5 次、有的是 7 次，但是，有一点一定是相同的：对折次数越多，纸张的厚度越大，直到它坚硬得让你无法将它再次对折。

实验做完了，现在请你思考一下：阻挠你完成下一次对折的因素是什么？是纸张的材料吗？还是你力气的大小？这些都不是关键，关键在于倍数。这是不是听上去有些耳熟？没错，就是小学三年级数学课本中的知识点：一个整数能够被另一个整数整除，那么这个整数就是另一个整数的倍数。在对折的过程中，你会发现，纸张对折后的厚度是呈二倍增长的。有人粗略地算过，将厚度大约 0.1 毫米的普通 A4 纸对折 105 次以后，它的厚度会成为一个天文数字，甚至连我们可观测到的宇宙都放不下。一张纸可以穿破宇宙，是不是很令人震惊？所以，一张纸的厚度可以忽略不计，但是当倍数增长在其中发挥作用时，即使是很微小的数字也会变得不可估量。

折纸的实验在生活中也有类似的例子，比如滚雪球。我们来回想一下滚雪球的过程：先抓一把雪，团成一个小雪球，再把它放在雪地里滚着向前走。这时，雪球会粘上越来越多的雪花，体形越来越大，重量也越来越大。那么，通过这个生活中常见的小例子，你能领悟出什么道理吗？很简单：一片雪花虽然微不足道，但是数量庞大的雪花抱成一团，其威力就会变得十分强大。一位作家形容，一片雪花可能就是引起一场雪崩的罪魁祸首。小小的一片雪花当然没有这种威力，这是无数片雪花积少成多后产生的能量，我们通常将这类现象称为"滚雪球效应"。

人们根据滚雪球效应总结出了一种思考问题和解决问题的方式，并给它起了一个非常形象的名称——复利思维。复利其实是一个经济学名词，"复"表示"重复"，"利"指的是"利息"。正如字面意思，"复利"指的是把上一期的利息加入下一期的本金一起计算利息，也就是人们常说的"利滚利"。据说，著名投资家巴菲特就是从一本叫《赚 1000 元的 1000 种方法》的书中学到了复利思维。这本书中讲到，如果用 1000 美元作为本金，每年按照 10% 的利息增长，那么 5 年后，本金就会变成 1600 多美元；如果时间拉长到 25 年，这个数字将会变成约 10 800 美元。于是，巴菲特将复利思维应用到了财富积累与管理中，这也是他最终成功的原因之一。

罗马不是一天建成的，而是一砖一瓦日积月累后成就的辉煌。聪明的你，在看了巴菲特的例子后，是否发现了复利的奥秘？没错，就是时间。在最初阶段，复利产生的影响是微乎其微的，但随着时间的推移，在某个时间节点或者某个时间段，它会给你带来惊人的结果。下面的图 1-1 可以帮你更清楚地了解复利思维的意义。

图 1-1　复利思维的意义

图 1-1 中包含了三个算术题，第一个是 1.00 的 365 次方，结果等于 1.00。我们可以把 1.00 看作你的成就，把 365 次方看作一年的 365 天。这个算术题表达的含义是，如果你的成就只在 1.00 上原地踏步，一年后你的成就依然是那个不变的数字。

再来看第二个算术题，它就很有意思了——1.01 的 365 次方等于多少呢？答案约为 37.8 ！虽然 1.00 和 1.01 之间只有 0.01 的微小差别，可结果却大相径庭。这个算术题表达的含义是，如果你每天只进步一点点，哪怕仅仅是 0.01，在一年后你取得的成就都会是原来的近 40 倍。到这里或许有同学会好奇：如果每天都出现退步的情况，对结果的影响有多大呢？第三个算术题就揭晓了答案——0.99 的 365 次方约等于 0.03。这说明，如果你每天都在退步，即使是原地踏步的人也会将你远远地甩在身后。我们再来看另一组比较：1.01 和 0.99 只相差 0.02，但是经过 365 次方的累积，二者的变化却相差约 1260 倍。这样的惊人差距，不就恰恰印证了复利思维在背后暗暗发力吗？

有些人可能会觉得，自己很多时候并没有实现当初定下的目标，或者觉得自己没有得到预期的结果。这并不奇怪，因为绝大多数人都没有做到持之以恒，让时间在复利行为中发挥作用。你肯定有过捧着词典背单词的经历，等一段时间过去，当你重新翻开那本词典时，你会发现整本词典除了前几页，剩下的对你来说几乎是全新的。你缺乏的正是一颗坚持不懈的心。

插上脑机接口，运用复利思维

如何运用复利思维？还是从一个小故事讲起吧。爱因斯坦说过，复利的威力巨大，甚至超过了原子弹。你可能会觉得听起来有些夸张，思维可以和原子弹的威力相提并论吗？还真的可以！让我给你讲一个我们国家的核物理学家王乃彦院士口述的故事。

1999年，王乃彦在国际组织任职，免不了与其他国家的专家学者进行交流。在主持工作会议时，面对英语提问与交流，他一下子犯了难，因为受到时代的影响，直到大学毕业，他的英语也只有初中生水平。但是，想研究清楚很多专业著作和论文，需要强大的英文功底，这对潜心搞科研的王乃彦来说，是他最大的阻碍。

然而，王乃彦并没有知难而退，当时已年逾六旬的他开始着手系统地学习英文。每天早上5点半到7点和晚上10点到

12 点成了王乃彦固定的英语学习时间。他买了收音机，每天坚持听英文广播。英文杂志、英文磁带都是他不离手的宝贝。可以说，英语学习填满了他工作之余的放松时间，无论在飞机上，还是在火车上，王乃彦都在不停地利用琐碎的时间，尽可能多念一个句子、多听一篇文章。他想：今天听一段广播、学习 10 个英文单词，那么一个月后他就能听完 30 段广播、掌握 300 个英文单词了。后来，经过不懈的努力，王乃彦已经可以在国际会议上自如地使用英语做学术报告，并流利地回答专业问题。直到 80 多岁高龄，他依然保持着每天阅读英文原版书和论文的习惯。

这个故事带给我们的启迪是：要学会带着复利思维去思考问题。每一步取得的成效可能很微小，但日积月累的成果就相当可观了。

除了学习，复利思维也可以用在我们的时间管理中。你一定遇到过这样的情境：刚刚写完作业，时间就已经很晚了，都来不及看一会儿课外书了；刚刚出去锻炼完身体，回来发现准备明天考试的复习时间却不够了。这样的无奈还有很多，可是一天只有 24 小时，而这 24 小时总是被切割成各种零零碎碎的时间，它们就像面包屑一样掉落在没人注意的角落。因此，如何拾起这些"面包屑"就成了时间管理的关键。你可以早一分钟写完作业、早一分钟锻炼完毕，然后利用这些"一分钟"，优先处理重要程度或难度较高的事项。这样，通过提高效率而节省的时间，就可以被分配到优先级较低的事项中，比如你的兴趣爱好、课外拓展等。当你将零碎的时间仔细收集起来并合理利用时，你就会发现，在看似相同的时间里，你完成了更多的任务。就像王乃彦一样，合理管理自己学英语的时间，使自己的英文水平达到运用自如的程度。

听到这里，你可能会觉得，培养复利思维似乎有些麻烦，还是放弃吧。其实不然，千万不要把培养复利思维想象成十分困难的事情。其实，我们的身边有很多小事情，都可以拿来培养复利思维，比如，每天坚持存一元钱，养成良好的储蓄习惯就是一种复利。村上春树每天早起跑步 10 公里，坚持 37 年从未间断，他的身材与样貌看起来比同龄人年轻 20 岁。我们也可以效仿他每天坚持跑步，增强心肺功能，这也是一种将健康储存起来的复利。还有，你可以每天翻一翻课外书，了解一个新的知识点，这不也是一种知识复利吗？外卖小哥雷海为就是利用了工作之余的零碎时间，不断地读诗、背诗、抄诗，积累了惊人的诗词储备量，才能在《中国诗词大会》上击败北京大学硕士夺冠。

以后，当你升入更高的年级，接触到更深奥的知识，需要写更多的作业时，更激烈的竞争也会随之而来。一次期末考试成绩不理想、目标没有实现，这些情况都可能给你带来挫败感。一次次挫折像一颗颗尖锐的钉子，会划伤你的手掌、刺破你的皮肤，让你心酸流泪。这确实是痛苦的经历，但同时也是你人生中宝贵的财富。在经历足够多之后，你就会自然而然地学会如何拔出钉子。你碰到的"钉子"越多，就越能造就一身钢筋铁骨。

我来分享一个更有效地培养复利思维的实用小技巧：① **"黄金半小时"训练法**。

请你一定要记住：复利的本质在于累积，就像比尔·盖茨说的那样，人们总是高估了未来一两年的变化，却低估了未来十年的变革。复利也不仅仅适用于学习这个漫长的积累过程，它还适用于我们每个人的人生旅程。所以，在努力的同时，请你保持耐心，把剩下的都交给时间就好，它一定会给你一个令人满意的回馈。

02

复盘思维

袁爷爷的金钥匙

　　我们还是从一个故事开始讲起。1961年7月，湖南省安江农校的周边有一片绿油油的水稻田，在那里，每天都会出现一个为了提高水稻产量而忙碌的身影，这个人就是"杂交水稻之父"袁隆平爷爷，这片稻田正是他的试验田。

　　一天，袁隆平爷爷像往常一样在水稻田里劳作，不经意间，他发现了一株"鹤立鸡群"的特殊水稻，它不仅稻穗长得特别整齐，而且比周围的水稻长得更多、更饱满。这让袁隆平爷爷一下子来了兴致，他心想：如果田中都是这个品种的水稻，第二年肯定会有十分丰厚的收获。于是，第二年春天，他将承载着希望的秧苗插进试验田，期待着几个月后的好收成。

　　然而事情并没有朝着预想的方向发展——这些被精心照料的特殊水稻，在抽穗的时候全部长成了"歪瓜裂枣"，高矮胖瘦参差不齐……（抽穗的意思就是，禾谷类作物发育完全的幼穗从剑叶鞘内伸出的时期或状态。）这些水稻的样子令袁隆平爷爷十分失望，他坐在田间不住地思索一个问题：有着这么优秀的基因，为什么它的后代会是这般模样？一边想着问题，袁隆平爷爷一边查看起田地里的稻穗来，他惊讶地发现：虽然达到预想标准的水稻只有总数的四分之一，但它们与去年那株高大的水稻植株一样，竟然是罕见的天然杂交水稻！

　　请思考一个问题：这时要提高水稻的产量，应该怎么做？你可能会想到，可以尽量多地提升杂交水稻的数量。袁隆平爷爷当时也这样认为，他想："既然大自然可以培育杂交水稻，人工是否也可以培育优质的杂交水稻？"此后，袁隆平爷爷踏上了反复试验、反复论证的科研征途，最终为中国乃至全世界找到了摆脱饥饿的"金钥匙"，被称为"杂交水稻之父"。在这里，袁隆平爷爷反复试验、反复论证的过程就是复盘的过程。

　　在发现杂交水稻的故事中，机遇、运气与努力缺一不可，而袁隆平爷爷的复盘思维更是整个过程的重中之重。正是他一遍遍地复盘试验、一次次地复盘思考、一轮轮地复盘总结，才

改变了今天的粮食生产体系，拉开了杂交水稻研究的序幕。那
么，究竟什么是复盘思维呢？我们先从"复盘"这个词开始说
起。"复盘"的概念最早出现在围棋中，指的是棋手在完成一盘
对局之后，将对弈过程再次重演：自己走了哪一步，对手走了
哪一步，再次检查对局中的招法，看清优劣，计算得失。后来，
复盘作为一种思维和方法，得到了更广泛的应用。通过回想之
前发生过的事情，来思考哪些选择做得正确，哪些决定做得错
误；正确的做法如何优化，错误的做法如何修正……袁隆平爷
爷正是在经历了培育特殊水稻的失败后，不断地回顾与反思过
去的种种实验，才能得出天然杂交优质水稻的论断，也为后来
人工杂交水稻的一步步优化提供了理论和实践基础。

一个偶然的机会、一个错误的实验、一个意料之外的过程，在经过合理恰当的复盘后，都可以成为成功的奠基石。正所谓"英雄所见略同"，不仅袁隆平爷爷是这样，纳米科学家王中林院士也是如此。接下来，我们就结合王中林院士的纳米材料发电实验，来更直观地了解复盘思维。

一天，王中林院士和学生们正在进行纳米材料发电实验，结果显示，纳米材料通常只产生微小的输出电压。有一次，有一名学生却在实验中得到了更高的输出电压，这是一个让人喜出望外的数据，王中林院士却觉得这样的增长有蹊跷，便马上让这名学生重复该实验来验证。进行了反反复复的实验后，他们确实得到了几次更高的电压输出结果，但数据结果并不稳定。这时，王中林院士和团队进行了漫长又详细的复盘过程：是材料出了问题，设备出了故障，还是器件不符合实验条件？实验人员不断地换材料、换器件，又一次次重复着相同的实验，只有这样才能在不同的实验结果中分析、总结出差异，而根据差异才能找出影响实验结果的原因。

经过反复分析，原因终于被锁定。可发现问题不是复盘的最终目的，解决问题才是，所以这场复盘还要继续。王中林院士根据结论又进行了更多研究，最终发现原来是一个美丽的

"错误"带来了这样的变化。在这个故事中，王中林院士带领团队前前后后做了至少三轮实验，经过成百上千次分析，最终做出了摩擦纳米发电机这一巨大成就。通过这个故事，我们应该可以更加深入地理解，复盘是一件多么重要的事情！它让一个美丽的"错误"摇身一变，化为微观动力革新的关键一笔。

好，那么问题来了：既然复盘如此重要，我们要如何掌握复盘思维，又如何用它解决生活中的问题呢？我总结了一个八字口诀：**保持—改进—停止—开始**（见图 2-1）。这是什么意思呢？你肯定考过试，有时候考得好，你会喜笑颜开；有时候考得不好，你就会非常沮丧，还担心被家长和老师批评。相信这些情况你都遇到过，但你对考试复盘过吗？

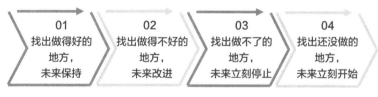

| 01 | 02 | 03 | 04 |
| 找出做得好的地方，未来保持 | 找出做得不好的地方，未来改进 | 找出做不了的地方，未来立刻停止 | 找出还没做的地方，未来立刻开始 |

图 2-1　掌握复盘思维

比如，因为数学一直是你的弱项，所以你花了很多时间去补习数学，这次你的数学考试成绩果然提高了十多分，补习获得了成效，以后你就可以继续采用这种学习方式。

比如，你发现这次的英语试题中确实出现了不少课外的陌生单词，而且阅读理解的难度也提高了不少，让你丢了不少分，那你就可以在后续的学习中安排自己多背一些新单词，多翻一翻课外阅读材料，增加自己的单词储备量和阅读量。

比如，你花费了大量甚至全部的时间来提升一门比较弱的科目的成绩，却发现看不到什么成效，这时你需要考虑的是：你是不是可以把花在这个科目上的一部分时间收回来，用在其他科目上，而不是在你的绝对短板上不停摔倒，从而更有利于整体成绩的提升。

比如，你发现一位考得很好的同学有整理错题的习惯，而整理和回顾错题其实就是复盘思维在学习中很好的应用，但你通常不会这么做，那么你也可以开始记错题，勤复习。

短短一个八字口诀，就概括了我们的复盘方法。但除了这八个字，我还希望你掌握复盘中非常重要的一项技能，它叫作拆解。

比如，你希望复盘好一场考试，就要先把这次考试的科目分成"考得好的"和"考得不好的"，才能进一步分析原因，得出接下来该怎么做的结论。王中林院士在解决问题时，将实验根据可能出现问题的原因一一拆解，拆解成数十个不同的实验，才能精确地找到原因所在。袁隆平爷爷也一样，他没有被水稻高矮胖瘦的混乱景象蒙蔽，而是快速将水稻拆解为"符合预期的"和"不符合预期的"，从而发现了比例的规律，找到了人工培育杂交水稻的钥匙。所以，拆解也是复盘中很重要的一点。

掌握了如何复盘，也知道了复盘时的重要思维，下一步就是行动起来！只有思考而没有行动，复盘将变得毫无意义。通过回顾反思，分析原因，最终落实到实际行动上，不断纠错改正、及时止损，不断改进优化、精益求精，才是一个完整的复盘过程。

最后，给你出一个思考题：请复盘一下今日的时间分配，看看哪些时间荒废了，哪些时间需要重新分配，而哪些时间是可以继续保持的。

希望通过这个复盘过程，你可以从过去中获得力量，遇见未来更优秀的自己。

质疑思维

白马是不是马

　　我先问你一个问题：白马是不是马？你可能会不假思索地回答："这太简单了，不要说白马，黑马、棕马都是马呀。"可是据说古代学者公孙龙就不这么认为。

　　有一天，公孙龙骑着白马进城，被门口的士兵拦住了。士兵说："先生，马匹不得入城，这是规定。"公孙龙说："你看仔细了，这是白马，不是马。"士兵顿时一脸诧异，心想："怕不是碰见疯子了吧，眼前确实是一匹马呀。"公孙龙接着对士兵说："你们规定里的马是一种统称，黑马、黄马、棕马都是马。但是你能说马就是黑色、黄色、棕色的吗？"士兵的脑子开始有点发蒙了，公孙龙补充说："你借我一匹白马，我还你一匹黑马，你同意吗？"士兵马上摇头，公孙龙笑了笑说："这就对了，白马是白马，黑马是黑马，它们都不是马。如果它们是马，那岂不是白马就是黑马了？既然白马不是马，我是不是可以进城了？"

公孙龙的话乍一听好像很有道理，但仔细一想似乎又是强词夺理。你身边有没有这样的同学或者伙伴？他们喜欢和别人唱反调，在争辩时故意持相反意见，比如数学老师今天讲了 1+1 等于 2，他们会说："1+1 等于 1 啊，1+2 也能等于 1 啊，3+4 也能等于 1 啊，因为一群羊加上一群羊或两群羊都等于一大群羊，三天加四天等于一个星期啊。"确实，从某种角度讲，这些等式都是成立的，但它们都脱离了话题的讨论范围，并且偷换了概念。

对经常抬杠的人，人们也给他们起了一个诙谐的名字——"杠精"。"杠精"是一个网络流行词语，现实生活中，我们的身边确实存在着不少这样的人。他们总是质疑我们的提问和结论，并发表自己可能毫无论据的判断。有的同学可能会误认为，质疑就是抬杠的一种表现。注意！"杠精"的质疑并不是真的质疑，真正的质疑是一种精神，是启发思考迈出的第一步。它的最终目的是发现问题，提出建议，并创造新成果。这么说或许有些抽象，让我用一个科学家的小故事来告诉你什么是真正的质疑思维。

这个故事讲的是一张普通的照片引发的质疑，它发生在我国著名核物理学家钱三强的身上。1946 年，钱三强在英国出席了一次重要的学术会议。在这次会议上，两名研究核物理的学生展示了一张照片，照片的内容是展示核裂变的试验中高能量的粒子运动途中留下的痕迹。这原本只是一张平平无奇的照片，并没有引起在场大多数科学家的注意，但是钱三强对照片产生了疑问：一般来说，铀原子核总是分裂出两块碎片，这两块碎片留下的痕迹应该是二分叉，可是这张照片中为什么出现了三分叉呢？是粗心的学生搞错了照片吗？然而两名学生并没有对照片上这一非同寻常的信息做出解释。

会议结束后，钱三强依然对此耿耿于怀：难道核裂变还有别的方式，只是我们没有发现？如果真的有特殊的裂变方式，为什么我们没有发现呢？这些疑问引起了他极大的兴趣。钱三强怀疑，这种裂变方式之所以特别，是因为它发生的次数必定极少。既然如此，用高灵敏度的探测器进行大量的痕迹捕捉，总能发现那个特殊的存在。返回实验室后，钱三强马上组织助手进行了几个星期的试验，最终论证了原子核裂变三分裂和四分裂的新方式。

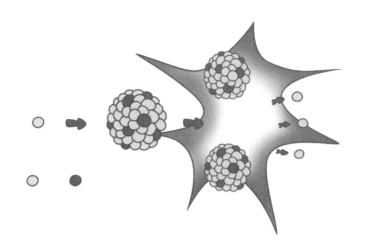

　　通过这个小故事，你就能够体会到什么是质疑思维了。以下这段话可能会有点难懂，你可以边看边思考，反复多看几次：质疑思维指的是在原有事物的条件下，通过提出"为什么"，运用不同方式改变原有条件，产生新事物和新发现的思维。这种探索性的思考是带有延续性的，会为后来的求证、求实带来目标和动力。此外，拥有质疑思维也需要一些条件和规范。

　　首先，质疑思维需要勇气，需要一种敢于挑战权威的胆识。比如，在天文学发展的早期阶段，世人普遍认为地球就是宇宙的中心，所有天体都是围绕着地球旋转的。因为这种观点是希腊著名数学家和天文学家托勒密根据前辈们的大量观测和研究成果提出的，他还对地心学说进行了系统性的论证，再加上当时复杂的社会关系，所以托勒密的地心体系在天文学中占据着不可撼动的地位。

但是，1400多年后，那个质疑"地心说"的人出现了——他就是哥白尼。通过对天体的大量观察与数据分析，哥白尼发现行星的运动与地心说理论并不相符。哥白尼便在著作《天体运行论》中，完整地提出了一种全新的宇宙模型——日心说，他认为太阳才是宇宙的中心，包括地球在内的行星都围绕着太阳旋转。日心说在当时严重地挑战了教会教义和传统观念，然而哥白尼并不害怕，他勇敢地质疑了权威，为后来的天文学研究拓宽了新视野、提供了新思路。因此，哥白尼也被后世誉为"现代天文学之父"。

质疑思维并不意味着盲目地否定，如果在缺少系统思考和实验证明的情况下，仓促地质疑某种理论或者某个事实，那我们大概也犯了和"杠精"一样的错误。合理的质疑是以大量的研究和实践为前提的。近代人体解剖学的创始人维萨里，就是通过大量思考和实践来质疑的代表人物。他的故事是这样的。

在古希腊时期，医生和学者对于心脏结构及其运作方式的认知是相当有限的。他们普遍认为静脉中充满血液，动脉中则充满了肺部吸进去的空气。可是，后来罗马医生盖伦通过解剖动物，发现动脉中也是有血液的，而且相比静脉中暗红的血液，动脉血更加鲜红，这一发现仿佛狠狠地给了古希腊学说一巴掌。其实盖伦的很多研究结果脱离了实验佐证，经不住推敲，比如他宣称发现心脏的右心室与左心室之间存在无数个小孔，用于血液在心脏内的流动。但由于盖伦的观点被教会推崇，他那些看似逻辑缜密的理论，在后来的 1000 多年里，一直被奉为医学经典。

然而，比利时医生维萨里在进行心脏解剖时，并没有发现盖伦提到的这些小孔。他简直不敢相信自己的眼睛——难道是盖伦错了？不可能，医学专家怎么可能会犯错呢？但维萨里马上陷入了沉思：如果没有这些小孔，血液是怎么在心脏内流通的呢？于是，维萨里决定相信自己的眼睛，而不是盲目地迷信盖伦的学说。他反复实验、探寻真理，最终创立了解剖学，为血液循环的发现开辟了道路。

中国有句古话："尽信书不如无书。"意思是说，如果全都相信书本上的内容，那还不如没有书。维萨里并不是一个"杠精"，他虽然质疑但能做到有理有据，他的故事告诉我们这样一个道理：大胆假设、小心求证才是质疑思维的核心。

插上脑机接口，运用质疑思维

如何培养自己的质疑思维呢？众所周知，在科学探索的道路上，很多事物的真相往往被表象蒙蔽，但科学精神的内核就是求真务实。毕竟，做学问可容不得鱼目混珠，一星半点的弄虚作假都可能影响研究结果的准确性，从而给科研工作带来无法估量的损失。在古生物研究史上，"古盗鸟化石事件"就曾开过一个令人尴尬的国际大玩笑。具体是什么故事呢？听我慢慢道来。

20世纪90年代末，恐龙爱好者斯蒂芬·赛克斯在化石市场上淘到了一块很特别的古恐龙化石。这块化石有什么特别之处呢？经过几位专业人士分析，这块化石的样本居然是一只带着羽毛的恐龙！它有着鸟类的身子和恐龙的尾巴。这一发现直接让古生物学界沸腾了，要知道，这可是证明鸟类和恐龙亲缘关系的最有力的证据啊！对此发现丝毫没有质疑的美国著名科普杂志《国家地理》直接刊登了一篇名为《霸王龙有羽毛吗？》（*Feathers for T.Rex*？）的文章。随后，这一消息迅速火遍全球。

可是，中国科学院的古生物学家徐星对此产生了深深的怀疑。当他亲眼看到这块"珍贵"的化石时，他直接指出这块化石是两种不同动物的骨骼拼接出来的赝品。徐星的论断并不是毫无根据的，原来他刚好正在研究一份小盗龙的化石，化石缺失的尾部可以与这份样品的尾部骨骼完美地契合。经过仔细查证，化石上半部分的骨骼也被证实来自马氏燕鸟。带着羽毛的恐龙化石的"身世"被揭开了，而正因为徐星的质疑精神，这场古盗鸟化石事件的造假闹剧才没有持续下去。

你看，通过这个故事我们要明白，所有的研究工作都不是一味地相信眼睛看到的东西，而是透过表象提出无数个"为什么"。提出问题后，我们还要通过实践找到证据，并把这些证据当作手术刀，抽丝剥茧，直到真相浮出水面。这才是运用质疑思维的完整过程，而不是仅仅抬杠或发问。

你可能会觉得抬杠是个贬义词，其实不然，同学们有时候喜欢抬杠，这并不是什么糟糕的事情，反而是好奇心的表现。如果这样的抬杠行为得以因势利导，反而可以加速培养我们的思考能力。当一个事物引发了你的好奇，无数个"为什么"从你的头脑中蹦出来时，你已经初步掌握了 ② 5why 法的问题求解方式。

　　在生活中有没有必要运用质疑思维呢？答案是当然有必要，因为小小的质疑，也可能给未来带来不小的变革。例如，面对一颗花生，没有质疑思维的同学可能会问，花生除了被当作食物、压榨成花生油，还能有什么用？但是，曾经有人就提出了300多种花生的利用方法，比如将花生壳铺在花盆底部，既通气又透水，花生壳里丰富的钾元素还能给植物充当肥料。在这300多种方法里，单单把花生仁作为食材，就有100多种不同的做法。

　　听到这儿，有些能够举一反三的同学可能会开始用质疑思维发问了：花生有这么多种利用方法，是因为它本身就有利用价值；除了本身就有利用价值的事物，那些"废弃物品"可以用 🔊 ③奥斯本核检表法吗？比如，冶金过程中产生的炉渣有什么用？农业生产中的废料有什么用？皮革厂生产剩下的边角料有什么用？如果你说，这些都是毫无用处的垃圾，那你就大错特错了。伦琴发现 X 射线的时候，他也没有预见到医生会用 X 射线治疗疾病，观察人体内部的情况。假设我们多问几句："它们还能有什么用途？""还有什么地方需要它们？""难道它们不能用于其他行业吗？"新的思路说不定会引导我们推开一扇狭窄的窗户，跨进另一道宽阔的门。

04

聚光灯思维

第一辆汽车和达·芬奇画鸡蛋

在马路上来来往往的汽车中，你可能会发现一个汽车品牌——福特。这个品牌正是以创始人亨利·福特的姓氏命名的。但你知道吗？福特不仅是福特汽车的创始人，而且是风靡世界的"T 型汽车"的发明者，因此他也被称为"汽车大王"。

如此厉害、拥有卓越成就的福特其实没有一点"发明家"的"血统"，而是一个地地道道的农民。那么，福特是怎么从农民变成汽车大王的呢？听我慢慢道来。

福特出生于一个农民家庭，祖祖辈辈都依靠在农场劳动维持生计，他自然从小就在农场里帮忙。有一天，父亲带着福特驾着马车进城，福特偶然间发现了一辆"吓人"的钢铁怪物，它吐着白烟，"突突突"地疾驰而过。福特一下子惊呆了，这可是他第一次见到以蒸汽为动力的交通工具。

这一次"震撼"的见闻是福特与汽车制造产生交集的起点。那时的福特想：如果用蒸汽作为动力，能不能发明一种机械工具代替人力和牲口，帮助父亲做农活呢？一颗发明家的种子就这样萌芽了，成为一名优秀的机械师成了福特毕生追求的唯一目标。

福特用一年的时间专注于机械训练，完成了别人需要三年才能完成的工作。当发现自己的弱项在于蒸汽原理时，他又花了两年时间全身心地投入蒸汽原理研究。后来，他来到工业大城市底特律当机械技工学徒，一待就是十年，但他始终都没有忘记自己的目标，每天忙碌劳累的工作结束之后，他都会挤出时间琢磨蒸汽机械的创新问题。

时间一晃而过，福特回到家乡继承了父亲的农场，但是他并没有忘记儿时定下的目标，于是他在农场的角落搭建了实验室，继续自己的汽车制造实验。蒸汽汽车不再能满足人们的需求，那就继续研发以汽油为动力的汽车。终于，五年后，福特制作出一辆真正的现代汽车，就连大发明家爱迪生都赞不绝口，称赞福特的汽车是"创世纪的发明"。

福特无疑是一个成功的发明家，那么我们来分析一下，他为什么会成功。其实他的成功靠的不仅仅是辛苦劳作，更重要的是有一个清晰的目标。目标是指引一切思维活动和实际行动的指南针，有了目标才会有前进的方向。福特就是将十八年的奋斗聚焦在一个特定的目标上才获得了巨大的成就，给我们留下了福特汽车品牌的佳话。

当一万束光分别照射一万个地点时，我们是不能发现亮点的；而福特发明汽车的过程就像聚光灯，当一万束光同时照在一个点上时，光芒则是强大的，亮点是耀眼的。

我将这节课要介绍的科学家思维称作"聚光灯思维"，聚光灯的光芒聚向的焦点，正是我们的目标。因此，聚光灯思维也叫聚焦目标思维，指的是从始至终地关注一个目标，并对思维过程进行选择和控制，使思维活动有效地指向目标。你可能会问：如何理解聚光灯思维呢？它又有哪些神奇的效果？我通过一个例子讲给你，你会更容易理解。

　　你一定听说过达·芬奇，就是那位文艺复兴时期非常有名的艺术家、科学家。关于达·芬奇取得举世瞩目成就的故事，要从他把目光聚焦在一个鸡蛋上说起。

　　14 岁时，达·芬奇被送到知名艺术家韦罗基奥那里学画画。韦罗基奥拿出一个鸡蛋，让达·芬奇照着画，达·芬奇马上来了兴致，开始认认真真地画鸡蛋。可是这鸡蛋一直画了三个月，老师都没有布置新的作业。相信很多同学也像我一样纳闷：鸡蛋的样子都差不多，为什么要画那么多鸡蛋，简直是浪费时间！那个时候的达·芬奇和我们一样，也有些坐不住了，这时，韦罗基奥解释说："画鸡蛋看似很简单，可是达·芬奇，世

界上没有两只一模一样的鸡蛋。即便是同一只鸡蛋，站在这边看、站在那边看，在阳光明媚的时候看、在阴雨绵绵的时候看，呈现在你面前的，都是同一颗鸡蛋吗？"达·芬奇听完了老师的话，慢慢地沉下心，将所有的注意力聚焦在桌上那只鸡蛋上，一次又一次地描摹它。

很多人说，一只小小的鸡蛋成就了旷世奇才达·芬奇，但殊不知，真正成就达·芬奇的，是他的聚光灯思维。达·芬奇将所有的观察力和思考力聚焦在观察鸡蛋上，观察角度、观察光影变化、观察描摹的笔触……只有这样的聚焦才能训练出极其扎实的绘画基本功，为自己的艺术创作夯实基础，从而创作出了《蒙娜丽莎》《最后的晚餐》这样的传世巨作。

如果 14 岁的达·芬奇是一个今天画鸡蛋，明天画水果，后天又去画动物的少年，他也许就无法成为今天广为人知的艺术巨匠了。所以你看，目标明确的学习可以极大地改变一个人的思维，就像让相机镜头精准对焦，使聚焦的对象更加清晰，从而采取更有针对性的行动，取得更大的成就；而不聚焦目标的状况就很像相机失了焦，画面一片朦胧，让人抓不到重点。这种目标的不明确性不仅会导致大量精力被消耗在无效的事物上，还可能让我们在面对大量的"好主意"时无所适从，最终沦落到什么都想做却什么都做不好的境地。

聚焦目标才不会迷失方向，你要时刻记住这一点，它非常重要。这节课，通过了解汽车大王福特和艺术巨匠达·芬奇的故事，我们可以发现，无论发明制造还是艺术创作，聚光灯思维都发挥了很大的作用。那么，如果将聚焦目标对准我们的日常生活与学习，会产生怎样的神奇作用呢？接下来，我们就一起聊聊如何将聚光灯思维应用在生活中。

插上脑机接口，运用聚光灯思维

如何养成聚光灯思维，并通过运用这种思维，变得像福特和达·芬奇一样厉害呢？

要想聚焦目标，我们可以先从准确地理解"目标是什么"开始。简单来说，我们可以把目标分为两种：第一种目标叫日

常目标，指的是能够保持日常事务正常运作的事，比如我希望
每天早上 7 点起床，这样就有充足的时间让我不会迟到；再比
如，你希望在 2 小时内完成作业，在 1 小时内洗漱完成并上床
睡觉等。第二种目标是能够带来巨大变化的目标，它被称作最
重要目标。对你的爸爸妈妈来说，最重要目标可能是完成当月
的工作 KPI 和投资计划，以及保证你健康成长。如果你不知道
KPI 是什么，可以去问问你的爸爸妈妈。

对你来说，最重要目标应该就是养成良好的生活习惯和学
习习惯，朝着理想的目标努力迈进。

我们知道了目标有日常目标和最重要目标两种分类，那么，
该如何确定一个最重要目标？是不是事情的哪一部分最重要，
这部分就应该对应成为我们的最重要目标呢？其实不然。要想
确定自己的最重要目标，可以遵循三点原则，我称之为"三不"
口诀。

请你闭上眼睛，想象下面的场景。

新学期开始了，你对上个学期的成绩不是很满意，你说：
"这个学期要是可以拿第一名就好了。"这时，你的妈妈听了可

能会说："你很有志向，有志者事竟成，你一定可以做到！"但你的老师也许会说："你的成绩距离第一名相差得有点多，不如定个第五名的目标，可能会更好实现。"可能还会有人告诉你："你的数学成绩比较差，一定要把数学成绩多提升一下……"它们听上去都是为你好，是帮你出谋划策，可当越来越多"好"的声音出现时，你应该听从哪一个呢？好！第一点原则就出现了：对大量的"好主意"说"不"。每一个"主意"都有它的道理，我们应该做的不是直接听从，而是在分析利弊后，提出自己的"主意"。

遵循了第一点原则，说明你现在已经在独立思考自己的目标了，接下来要遵循的第二点原则就是：在确立最重要目标时，"不"要试图把所有日常事务都纳入最重要目标的范畴。比如"把写作业时间控制在 2 小时内""早上 7 点起床"这样的目标，和"这学期要拿第一名"都没有直接的关系，不应该被当作"最重要"的事情。毕竟，不能因为我今天遇到了很难的题目，花了 3 小时才把作业写完，就说我这个科目学得不好、我不能在考试中取得好成绩。这只是因为今天的题太难了而已。

既然日常事务不是最重要的，那么，什么才是最重要的呢？我想要告诉你的第三点原则是："不"去问"什么是最重要的"，而是问"如果其他各方面都维持现状的话，改进哪一方面才能带来最大收益"。用简单的例子解释就是：数学很重要，语文和英语作为主科应该也同样重要。有的同学数学成绩差一些，只要把数学成绩提上来就可以获得整体名次的大幅度提升，它对于"拿第一名"的目标可以产生最大的效果；而有的同学补习了好几次数学但收效甚微，可当他把相同的时间和精力用在其他科目上时，就能获得明显比用来提升数学更好的效果。那么，如果他想拿第一名，可以发挥最大效用的科目就未必是数学了。

通过"三不"口诀，我们掌握了确定最重要目标的三点原则。但实际上，前面所说的"拿第一名"的目标依然是非常不清晰的。为什么这么说呢？了解一下 🔊 ④ SMART 法则你就知道了。

我们已经掌握用聚光灯思维找出最重要目标的口诀，从现在开始，你可以尽情思考那些你想做的事，并开始合理地规划目标了！

05 归纳思维

笛卡儿和蜘蛛结网

　　你知道什么是规律吗？我们先来聊聊规律。神奇的大自然中蕴含着许许多多的规律。有的规律显而易见，比如太阳的东升西落、海水的潮涨潮落；有的规律却很隐蔽，比如蜘蛛结网。

　　表面上看，蜘蛛网是个有规律的东西，但规律在哪儿呢？这就得慢慢研究了。接下来我要给你讲一个关于蜘蛛结网和数学大发现的故事。传说，这个故事源于著名数学家笛卡儿。

　　笛卡儿始终被一个问题困扰着：几何图像是直观的，但代数方程式是抽象的，它们之间有没有相通的规律呢？能不能把两个学科结合在一起，从而更方便运算呢？我们现在知道答案是肯定的，几何和代数是可以联系起来的。这种联系的规律就是在下面的故事中被发现并验证的。

有一天，笛卡儿卧病在床，发现一只蜘蛛悄悄爬上了墙角，一边吐着丝，一边爬上爬下，非常忙碌。不一会儿，一张蜘蛛网的初步轮廓就出现在笛卡儿面前。

爱思考的笛卡儿瞬间来了兴致。他发现，尽管蜘蛛来来回回移动，它却总能找到一个准确的点位转弯或掉头，然后拉着蛛丝去找下一个点位。慢慢地，蜘蛛网越来越密、越来越大。笛卡儿眼前一亮：能不能把蜘蛛的每个位置用数字标记出来呢？

于是笛卡儿马上用笔简单地画出了三条线，用来代表蜘蛛结网的墙角；他又在这个空间内画出一个点代表蜘蛛。如果设定蜘蛛和两面墙之间的距离分别为 x 和 y，和天花板之间的距离为 z，那么，不管蜘蛛走到哪一点去结网，我们都能通过 x, y, z 的数值确定蜘蛛的准确位置。

听到这里，你是不是感觉我讲的东西听起来有点熟悉？没错，笛卡儿"创造"的，正是现代数学的基本工具之一——坐标系。在以后的数学课中，你会细致地学习它。

蜘蛛本能的织网行为一下子让几何和代数两个学科有了交集，但这个交集的产生依靠的是笛卡儿强大的观察能力和归纳能力。我们这节课要介绍的科学家思维就是归纳思维。

那么，什么是归纳思维呢？归纳思维指的是从个别到一般，从一个个具体的事例中推导出它们的一般规律和共通结论的思维。其实，除了坐标系，蜘蛛网和数学之间还存在着很多联系，比如平行线、相似三角形、对数螺线等。听不懂没关系，随着你的年级越来越高，这些你都会学到。很多大自然中的现象都是如此，它们就像沙漏中慢慢落下的沙粒，共性就是它们最终都会汇聚到最下端。这个沙漏的一般规律，也是对归纳思维很好的诠释。因此，我们也把归纳思维称作"沙漏思维"。

接下来，我会通过几个具体的例子帮你更透彻地理解归纳思维，并区分不同的归纳方法。例如，当我们知道直角三角形的内角和是 180 度，锐角三角形的内角和是 180 度，钝角三角形的内角和也是 180 度时，我们可以归纳得出结论：三角形的内角和就是 180 度。这样的归纳叫作完全归纳，"完全"意味着该类事物的所有成员都符合归纳出的结论，对三角形来说，这个结论意味着所有三角形的内角和都是 180 度。

不过也正是因为这一点，完全归纳的适用范围不广，因为一旦误判就很容易出现问题。

你一定听过农夫与蛇的故事，但不知道你有没有听过农户和猪的故事。一头猪被一位农户购买后，起初每天都很恐惧，它想："为什么这人每天都要喂我？肯定有阴谋。"可是过去了好几个星期，农户每天都来给它各种吃的，并没有发生什么不好的事，于是它慢慢不恐惧了，心想："这个人对我很好，不会害我的！"日复一日，猪更坚定了心中的想法，它对农户所做的所有安排都深信不疑。但它没想到的是，年关一到，它就被从猪圈里赶出来并杀掉了。

你看，这头猪就是用完全归纳法思考的牺牲品。它因为几个星期以来的悉心照料而断定农户不会害它，这种误判让它放松了警惕，也失去了生命。

其实我们很多人都会犯这样的"错误"，比如在买股票时，我们倾向于根据之前的历史痕迹来归纳和推理未来的发展轨迹，当现在的趋势和历史上涨轨迹相近时，我们往往会笃定地买入，结果却赔得一塌糊涂。这是因为，我们归纳出来的"规律"，其实是通过不完全归纳法得出的结论，而这种结论并不是必然的结果。

注意，这里提到了一个新名词：📢⑤不完全归纳。

通过这些例子，现在你对"什么是归纳思维"的认识清晰了吗？这节课，我们认识了归纳思维，也就是沙漏思维，还对完全归纳和不完全归纳做了方法上的区分。但你可能会想，即使知道了两种归纳方法，你似乎还不知道该如何应用它们，以及如何培养归纳思维。别着急，接下来，咱们就来聊聊这个话题。

插上脑机接口，运用归纳思维

如何培养归纳思维、提升归纳能力呢？在工作和生活中，我们每天会接收一大堆知识和信息，你可以问问你的父母，他们的微信每天要接收多少条消息。他们可能没统计过，但如果统计一下，可能是个很庞大的数字。在接收到的海量信息中，有的人总是可以快速总结提炼出最有用的核心要点。他们的学习速度往往很快，从学习拆解到总结实践，学会了一门又一门困难的科目，收获了一个又一个新技能。有的人却有可能在聊天交流时也说不清楚事情的重点。想想看，你的同学中有没有说话说不明白、不能明确表达自己想法的人？这些都与归纳思维和归纳能力有关。

以你生活中最常见的学习场景为例，在学习过程中运用归纳思维就意味着搭建好知识框架，并对框架中的内容进行填充。假设你今天在学校学习的内容是"春秋战国时期的文化"，让我们以此为例，进行一次归纳练习。

首先，你在刚开始进行归纳思维训练时，可以选择放松、无打扰的环境，比如在散步中回忆，或者坐在自己的书桌前，这样能够更好地进行思维整理。然后，你就可以进入归纳阶段了。归纳的第一步是挖掘核心、概括提炼；它要求我们在看书学习、思考总结时狠抓核心，不要把注意力放在一些次要的故事、案例或描述上。今天要归纳的主题是"春秋战国时期的文化"，那么我们就要牢牢抓住这个主题，不要被一些次要故事干扰，比如伯乐卖马、负荆请罪等。这些故事虽然都发生在春秋战国时代，但是并没有讲述春秋战国时期的文化，所以我们在归纳时要注意甄别。

其次，为了让我们的归纳总结清晰明了、全面系统，就需要抓主干、搭骨架，也就是通过分清主干和分支建立框架。例如，在阅读一本书之前可以先通过目录、前言及后记，搭建这本书的内容框架。目录是对一本书的高度概括，通过目录，我们可以快速把握这本书的整体脉络。同时，通过前言及后记部分，我们也可以快速了解全书的核心内容。

让我们回忆一下老师今天上课时讲的内容。比如，老师在讲"文化"之前，先向大家介绍了春秋战国是一个什么样的时代，正是这个时代的种种条件，促成了"百家争鸣"的文化勃兴。因此，我们可以把这部分内容归纳为"时代背景"，分成经济、政治、教育、社会四个方面的因素。

讲完时代背景，老师得出了一个结论：百家争鸣其实就是政治经济体制的大变革在思想文化领域的体现。于是我们又归纳出了百家争鸣的实质。

再往后就是同学们相对熟悉的内容了：诸子百家包括哪些代表人物呢？可能有大家熟悉的孔子、孟子、老子，还有不那么熟悉的墨子、荀子、庄子……这许许多多的流派及其代表人物的思想主张都各有不同，在学习和记忆过程中极易混淆。这时，对知识点的归纳要注重观察分析，找规律、找共性，面对一大堆庞杂浩瀚的信息，通过类比分析，找到一部分共性和规律，合并同类项并分类梳理，就可以尽快提炼和精简出想要的内容。比如，孔子、孟子、荀子都属于儒家学派，所以虽然其具体主张各有不同，但都主张仁义和礼法。掌握了这一点，记忆量一下子就减少了许多。

同时，对于想要归纳总结的内容，可以多通过提炼关键词的方式进行精简压缩。我们在学习中遇到的很多"口诀"就是运用了这种归纳方式。在日常的生活和学习中，我们也可以训练自己从观点、信息、数据、故事等内容中，用一两句话概括出核心的重点，形成自己的口诀。

想要更进一步的话，我推荐你试试图解的方法，也就是把大脑中的思维逻辑结构画在纸上，形成图表。俗话说得好，"好记性不如烂笔头"，将归纳诉诸笔端，既清晰，又减轻了大脑的负担。

那么，除了对上课所学内容的归纳，你还能想到哪些可以运用归纳思维的场景？我想到了两个。🔊⑥

总的来说，归纳思维和归纳能力让我们能够找到不同事物之间的共同点，分清主次，从而达到结构清晰和工作量减轻的效果。归纳的过程可能是一个漫长的过程，但也一定会是一个收获满满的过程。

06

逆向思维

我们继续从科学家的故事出发，一起学习一个新的科学思维。这个故事和电与磁有关。在故事开始之前，我想先问问你：你知道是先有电还是先有磁吗？电与磁的关系又是怎样的呢？其实在电磁研究的初期，人们普遍认为电与磁是毫不相干的物理概念，直到丹麦哥本哈根大学物理学教授奥斯特做了一个实验。他发现给导线通上电流，导线附近的磁针便会发生偏转，这就证明了电流是可以产生磁场的。从此，电与磁之间被架起了一座桥梁。

此时，一位英国的物理学家在知道这个实验后非常兴奋。不过，他并没有在这个实验的思路上花费太多心思，反而转头去思考一个问题：既然电流能产生磁场，那反过来，磁场是不是同样可以产生电流呢？于是这位科学家就开始着手实验，试图证明电与磁可以相互转化。然而，这并不容易，无数次的实验都以失败告终。可他并没有放弃最初的设想，用了整整十年设计了一个新的方案。他将一块条形磁铁插入一只缠着导线的空心圆筒里，这时，在用于检测电流的设备上，指针出现了轻微的转动，他终于得到了想要的结果——磁是可以产生电的！这位英国物理学家名叫法拉第，而这个伟大的实验正是著名的电磁感应原理实验。主流科学界认定，这个实验成功地利用磁力把动能转化为了电能。人们也在电磁感应原理的基础上发明了发电机。当源源不断的电能可以被人们使用时，人们的一只脚便从蒸汽时代跨进了电气时代的大门。

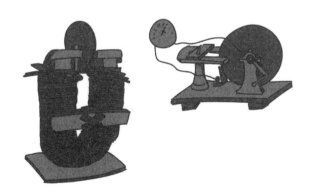

这样的发现和发明无疑是"惊天动地"的，而这一份惊喜，

正是法拉第的逆向思维带给我们的。很多时候，我们往往忽略了一个事实：人类的思维是有方向性的。这件事没有引起大多数人注意的原因是，我们的思维有一种惯性——对于熟悉的事物或观点，我们经常不自觉地按照原有的经验和习惯看待，顺着事物的发展方向进行程序化的思考。这种思考就像飞驰的汽车，即使松开油门，汽车还是会借着惯性继续前进。在惯性思维的视角下，逆向思维违背了原有的思维方向，就像在推动汽车倒着走，是一种"反其道而行之"的思维方式。

逆向思维经常会带来"出奇制胜"的效果。倘若法拉第保持常规的惯性思维，想必人们进入电气时代就要迟到很多年。当然，法拉第的逆向思维方式需要大量的理论和实验做支撑，如果盲目地关注某个事物的对立面，我们难免会陷入南辕北辙的尴尬境地。

逆向思维不只适用于科学发明，它对生活中的很多事都产生过奇妙的影响。几十年前，一位叫福斯贝里的年轻人拿下了奥运会的跳高冠军，而他曾经是一个连学校运动会都没有资格参加的高中生。是什么让他在短短几年内从"跳高差生"成为奥运冠军的？除了日复一日的艰苦训练，福斯贝里取得如此优异的成绩离不开他的逆向思维。高中时，福斯贝里用当时流行的俯卧式跳高技术还不能跳过 1.52 米，但出于对跳高的兴趣，他开始尝试新的跳高技术：俯卧的方式跳不高，那如果反过来，背朝下呢？于是福斯贝里自己琢磨出了背越式。福斯贝里在采用背越式之后，一举打破了学校的跳高纪录。其实美国当时不止他一人在研究类似的跳法，但引起最大关注的就是福斯贝里。媒体纷纷嘲笑这种跳法是"懒人专用""空中癫痫""甲板上濒死的鱼在打挺"等。

然而，随着福斯贝里不断改进背越式技术，他的成绩不断提高，嘲弄的声音逐渐消失了。不仅如此，当时的跳高比赛中很快新增了泡沫垫等保护措施，这也是因为以福斯贝里为首的一批开拓型选手敢于频繁尝试这种头朝下的姿势。最终，福斯贝里在 1968 年的奥运会上达成了他专业生涯中的最高成就——他以 2.24 米的成绩拿下了奥运会冠军。

可见，逆向思维如果用对了，将产生非常神奇的效果；可如果用错了，也会让一个人误入歧途，钻牛角尖，陷入"走得越远错得越多"的局面。例如，假设你每天从家去上学，最合适的交通方式就是先坐公交车，再坐地铁。如果用逆向思维把乘坐两种交通工具的顺序颠倒过来，你可能就会被堵在路上，上学就迟到了。

　　既然正确使用逆向思维很重要，下面让我来考考你，看看你是否真正理解了逆向思维，能不能使用逆向思维看问题：如果我想把一颗石子从一个瓶子里取出来，应该怎么做？你可能会觉得这个问题很无聊：用手取出来不就行了吗？那如果我说这个瓶子的瓶口很窄、很长，你即使伸手也没有办法碰到石子呢？你可能会说："那我找个工具好了！用筷子，或者找一个铁丝顶上盘个圈，总能把它捞上来了吧？"或许真的可以，不过这些都还停留在我们传统的思维方式中……不如让我给你个提示：还记得"司马光砸缸"的故事吗？有人落水，常规的思维模式是"救人离水"，而面对又高又大的水缸和紧急的险情，司马光运用了逆向思维，果断地用石头把缸砸破，"让水离人"，成功解救了小伙伴。所以现在，你知道另一种取出石子的办法了吗？

插上脑机接口，运用逆向思维

　　你还记得前面我们聊了哪些内容吗？我们一起了解了法拉

第、跳高运动员福斯贝里，还有司马光"反其道而行"的故事，又认识了一个很重要的科学思维——逆向思维。下面，我们继续来聊一聊生活中还有哪些我们熟悉的事物也运用了逆向思维，通过认识它们，我们也能培养自己的逆向思维。

我想讲的第一个物品叫作"胶卷"，或许很多同学都没有听说过它，或者少部分同学听说过却没使用过它。你不妨去问问你的爸爸妈妈，他们一定知道它是什么。胶卷是从前的相机里用来摄影的条状底片，因为它是一卷一卷的，所以被叫作"胶卷"。人们把胶片涂上感光乳剂，就可以用它来成像、摄影了。

胶卷相机的使用方法也很简单，把胶卷放在相机中，让它卡在相机的齿轮上，合上后盖，就可以开始拍照了。拍一张，齿轮会转动收起这段胶卷，同时抽出一段新的胶卷，就这样抽了一段又一段；全部拍完之后，再把所有的胶卷反向卷回到胶卷盒内，打开相机后盖，取出胶卷，就可以进行照片的冲洗了。

这就是胶卷相机的使用方法，它倒是不难，可人们在使用过程中常常遇到一个问题：如果不小心打开了相机后盖，所有拍过的照片就会因全部曝光而失效。如何解决胶卷相机的曝光问题呢？是在相机的后盖上加个锁，没拍完就不能打开；还是在相机的后盖里再加一个盖子，双重保护，防止误操作？

据说有位老奶奶是这么设计的：把胶卷放到相机里面，先自动把所有的空白胶卷从胶卷盒中卷出来，然后每拍一张照片，就反向收回到那个胶卷盒里一张，直到全部拍完。这样，万一相机后盖被打开了，曝光的也仅仅是空白胶卷。

这就是第一种逆向思维——结构逆向思维。通过观察事物的结构，找出不同于常规的解决办法。结构逆向思维可以通过观察事物的结构来培养，如果你具备这种思维，也许有一天你也会像这位老奶奶一样呢。

第二种逆向思维是功能逆向思维。保温杯很常见，顾名思义，它具有"保热"的功能，在我们的生活中随处可见。而就在我们还在感慨时，具有逆向思维的人已经从功能的角度出发，开发出了能够"保冷"的冰柜。这就是功能逆向思维的用处：每个物品或设备都有其特定的功能，通过进行功能逆向思考，我们可以从不同的角度出发，发现其新的用途。

第三，我们可以通过探索反转的状态来培养状态逆向思维。例如，人们在行进时是动态的，而楼梯是静态的。然而，运用状态逆向思维，也就是让人处于静止状态，而让楼梯行进、变成动态的，人们就创造出了自动扶梯。通过这种方式，人们不动，站在自动扶梯上就能轻松到达目的地。所以，当我们反转状态时，也会发现一些新的问题解决方式。

第四，对原理进行逆向思考可以培养原理逆向思维。通过研究物体或系统背后的原理，我们可以发现一些隐藏的可能性。举个例子，电动吹风机向外吹风，而电动吸尘器则相反，是向内吸气。通过研究它们的原理并进行逆向思考，我们也可以发现这两种设备之间的差异和应用原理。

第五，对序位进行逆向思考有助于培养序位逆向思维。这么说好像有点难以理解，让我再举一个例子：在通常情况下，动物是被关在笼子里供人观赏的，大部分普通的动物园也都是这样做的；然而，在野生动物园中，人们却可以将自己关在"笼子"里，从而让动物在外面随意走动。这样一来，人们可以更深入地接触野生动物，并且拥有与传统动物园不同的体验。

第六，运用逆向方法也是培养方法逆向思维的一种策略。有时候，通过颠倒传统的方法和思维模式，我们可以获得出人意料的结果。例如，通常的赛马比赛比的是谁的马跑得快，而在一个奇特的赛马比赛中，比赛的规则却是谁的马跑得最慢。这种逆向方法的思维方式打破了传统认知，也带来了新奇有趣的体验。

现在，我们一共讨论了六组逆向思维的例子，它们分别是**结构逆向、功能逆向、状态逆向、原理逆向、序位逆向和方法逆向**在生活中的体现，相信你现在也一定获得了许多关于思维的启发。

总而言之，培养逆向思维需要我们从多个角度思考和观察事物，通过观察事物的结构，思考其功能和状态，研究原理、判断顺序并运用方法来培养逆向思维能力。纸上得来终觉浅，逆向思维需要学习和实践，只有将学到的知识和技能应用到实践中，我们才能在日常生活中更好地运用逆向思维解决问题。这些方法的运用将使我们更加富有想象力和创造力，为未来带来更多可能性。

逆向思维是一种非常有用的思维方式，它可以让你保持旺盛的创造力和思辨能力，从而能够应对许多复杂的、不断变化的情况，为此我们需要的是日积月累的努力。修建长城非一日之功，每一个小小的思考和进步，都是通往智慧殿堂的阶梯。

07

树根思维

马斯克的刨根问底

接下来我要讲的这个故事，它的主人公并不像之前讲到的一些科学家那样，在时间上距离我们很遥远。这个人离我们很近，而且他的故事和成就也许就和你的生活息息相关。他就是埃隆·马斯克。就算你不知道他是谁，你也一定听说过汽车品牌"特斯拉"。

马斯克是当今世界上备受瞩目的企业家和创新者，作为特斯拉和 SpaceX 的创始人，他不仅改变了汽车产业，而且改变了航天产业。他凭借自己的智慧和敢于突破常规的勇气，引领着世界科技的发展方向。

　　马斯克一直想要制造出一款性价比高的电动汽车，而以电能为动力的汽车，最核心的部件莫过于电池。在创立特斯拉公司的时候，电池成本太高成了让马斯克头疼的问题。那时，按照电池容量的市场价格估算，满足特斯拉电动汽车要求的电池，成本大约超过五万美元。不少专业人士认为：电池就是这个价格，而且在很长一段时间内都会保持这个价格，甚至更高，想要降低特斯拉电动汽车的制造成本，简直是不可能的事。但是马斯克不这么认为，他想弄清楚电池制造的奥秘，并暗自思考，如果自己能生产电池，电动汽车的价格会不会顺理成章地降下来。

　　马斯克马上行动了起来，他和工程师们研究了制作电池所需要的原材料，并分析了所有原材料的市场价格。有些稀缺的材料，马斯克选择去伦敦金属交易所采购；而有些常见的材料，

马斯克选择直接联系原料厂，尽可能地拿到最低报价。然后，马斯克就真的用这些自己买来的原材料成功地制造了一块储能电池，其成本只有 80 美元，还不到市场平均价格的两成。自制电池的成功大大降低了特斯拉电动汽车的生产成本，一下子就让特斯拉与同行拉开了差距。

让我们现在回过头来看马斯克成功的故事。他用到了哪种科学思维呢？答案是第一性原理思维。所谓第一性原理思维，就是将问题分解至最根本的因素，然后将其重新组合，找出全新的解决方案。一个问题的最根本因素就像一棵树的树根，是一切的源头所在，所以人们也把这种思维叫作"树根思维"，第一性原理思维是其正式的名称。传统的思维方式往往局限于模仿和改进，而树根思维则鼓励人们重新审视问题本身，并寻找独特的解决途径。在马斯克的故事中，他清晰地梳理了摆在面前亟待解决的问题，然后进行逐层分析，当挖掘到问题最根本的环节时，他马上展开行动去解决问题。马斯克正是凭借着树根思维选择了解决电池成本问题的最优路径。不仅如此，他在解决 SpaceX 火箭制造成本的问题时，也同样坚决地贯彻了树根思维。

众所周知，所有太空项目都是需要大量资金支持的。和造汽车一样，马斯克出于节省资金的考虑，决定从零开始，自己制造一枚火箭。在马斯克看来，制造一枚火箭并不是一件高不可攀的任务。然而，传统火箭制造过程中的巨额成本常常成为制约因素。擅用树根思维的马斯克问自己：制造火箭需要哪些条件？于是，他通过重新审视火箭制造的各个环节，把火箭拆分成无数个最小的零部件，它们也是制造火箭所需要的最基本原材料，以此来寻找创新的解决方案。他在重新思考火箭的组成后，发现构成火箭的原材料，比如航天级的铝合金、钛、铜和碳纤维等，在市场上的价格并不昂贵。接下来，马斯克找到的解决方案是：成立自己的公司，以便宜的价格购买原材料，并用多种创新的方式来降低成本。最终，SpaceX 将发射火箭的成本控制在同级别火箭的五分之一左右。

马斯克凭借着"刨根问底""层层拆解"的方式，颠覆了传统火箭制造行业的惯性思维，实现了从根本上降低成本、提高效率和革新技术的目标。这些都体现了树根思维在商业竞争和科学研究中发挥的重要作用。

插上脑机接口，运用树根思维

看了马斯克的故事，你可能会说："我又不要造汽车、造火箭，这种思维对我来说似乎没那么实用。"其实不然，树根思维不仅仅被用在商业、科学等复杂问题多见的领域，它对我们的个人成长也大有裨益。接下来，我为你提供树根思维的三大作用，帮助你举一反三（见图 7-1）。

明白知识是收敛的　　看透问题的本质　　养成迁移能力和创造力

图 7-1　树根思维的三大作用

首先，在学习上，树根思维让我们明白了一个重要的道理：知识是收敛的。举个例子，在数学学习中，我们可以运用树根思维来理解数学公式和定理的本质。比如，在学习勾股定理时，我们可以通过探究直角三角形的性质，发现勾股定理实际上是基于三角形的几何属性而被归纳出来的。这样的深入思考不仅能使我们更加扎实地掌握知识，还能让我们培养出独立思考和解决问题的能力。

其次，在思维方面，树根思维让我们能够看透问题的本质。在生活中，我们常常需要做出各种决策，比如选择合适的职业或理想的大学。当我们面临这些问题时，如果只是按照常规思维去做决策，往往容易受到各种偏见和表面因素的影响。然而，通过运用树根思维，我们可以去追问：问题的本质是什么？为什么会发生这样的情况？比如，我们可以通过分析自己的兴趣、能力等因素，找到适合自己的学习和发展方向。只有找到问题的根源，我们才能够更准确地分析和解决问题。

最后，在行动上，树根思维给予了我们迁移能力和创造力。通过深入挖掘问题的本质，我们可以将这种思维方式应用于其他领域。我们可以将知识和方法从一个领域迁移到另一个领域，寻找共同点和抽象规律。例如，想要画好人体结构的画家一定要懂得人体解剖学的知识，而我们在学物理时也会大量使用数学工具来表示和解释定律。这也就不难理解，为什么很多数学成绩好的同学学起物理来也很轻松。知识的迁移能力使得我们能够更加灵活地应对各种挑战和问题，不再局限于已有的经验和常规思维方式，而敢于挑战传统观念，取得更多的突破和创新。

树根思维对每个人来说都意义重大。它帮我们更深入地理解知识是收敛的，提升学习的效果；它让我们能够看透问题的本质，提高思维的准确性；它也赋予了我们迁移能力和创造力，使我们在行动中能够更加灵活和创新……

希望你也可以积极运用树根思维，不断深入挖掘问题的本质，向自己的目标靠近。不过，在追寻目标的过程中，想必每个人都会或多或少地遇到挫折，它们确实是堪比"拦路虎"的存在。不过不用担心，我将带你学习用来应对这个"拦路虎"的思维——不倒翁思维。

08 不倒翁思维

你是否听过一个成语——不入虎穴，焉得虎子？这节课的故事就和它有关。

你可能听说过我们国家研发的战斗机，比如，"歼-10""歼-20"，这是我国对歼击机的命名方式。我国歼击机经过了从一代到五代的发展，为祖国立下了赫赫战功，也在国防中起到了重要作用。但这一路走来并不容易，在国家自行设计第一款歼击机的时候，就遇到了不少难题，比如在试飞实验中，设计师和飞行员都发现了一个极其严重的问题：跨音速飞行过程中，歼-8战斗机出现了抖振问题。用当时技术顾问的话来说："感觉就像一辆破旧的公交车在崎岖不平的道路上行驶一样颠簸。"这不是危言耸听，抖振问题会严重地影响战斗机飞行的速度，甚至有导致战斗机解体的风险。总设计师顾诵芬带领团队做了很多试验，但依然找不到问题的根源。为了找出战斗机抖振的原因，顾诵芬决定亲自驾驶飞机，近距离观察歼-8战斗机尾部的气流。但危险的是，顾诵芬从来没有接受过驾驶训练。可为了尽快找出关键问题，顾诵芬瞒着家人，冒着风险飞上了天空。

　　为了清晰地观察战斗机尾翼气流分离的详细位置，顾诵芬想出了一条妙计：在歼-8战斗机尾翼上贴上许多毛条，当气流经过时，这些毛条会随着气流方向摆动，在附近跟随飞行的顾

诵芬拿着望远镜，默默地观察战斗机尾翼抖振的情况和所有气流产生分离的位置。经过三次深入"虎穴"的冒险和数次地面试验，顾诵芬终于找到了问题的症结所在：原来，是因为后机身从最宽的外形收缩到尾部的变化幅度过大，使得空气急速流过，引起了振动。他带着团队马上对歼 -8 战斗机进行了改进，将抖振程度控制在了战斗机和飞行员可控的范围之内，保证了战斗机的驾驶安全。

实验意味着风险，可不进行实验，就永远无法解决歼 -8 战斗机的抖振问题。最终，顾诵芬创造的战斗机喷流影响实验方法获得了巨大的成功，他带领团队圆满完成了歼 -8 战斗机研制任务，也结束了我国歼击机完全依赖引进的局面。1985 年，歼 -8 战斗机获"国家科学技术进步奖特等奖"，顾诵芬也被大家称为"歼 -8 之父"。正所谓"不入虎穴，焉得虎子"，有时，险境中的摸爬滚打，让我们更容易探明事件的真相。

在这个多变又充满挑战的世界中，我们面临着各种风险和逆境。有的人遇到逆境时很"脆弱"，很容易被困难击倒，变得不知所措；有的人却在逆境中汲取力量，不断成长，这种人的思维方式被称为反脆弱思维，它能让我们从风险中受益，变得更加强大。拥有反脆弱思维的人就像一个"不倒翁"，无论被怎样"打击"都不会跌倒，反而会从一次次的"打击"中获得重新站起的力量，所以反脆弱思维也被称为"不倒翁思维"。

像这样冒着巨大风险只为达成成果的例子，在科学研究领域中数不胜数。如果说在所有的科学家中，有一类人是"疯子"，那其中一定不会少了诺贝尔的名字。没错，就是我们常听到的"诺贝尔奖"的那个诺贝尔，他发明了炸药。

在诺贝尔之前，炸药研发停留在以硝石、木炭、硫黄混合物为制作材料的固体火药阶段。诺贝尔想要找到一种威力足以

炸开大山的强大炸药，便将精力全部投入硝化甘油的研究中。然而硝化甘油是一种"脾气"相当暴躁的油状液体，在存放和运输过程中，稍有不慎，"易怒"、易爆炸的硝化甘油就会给人们带来灾难。一次偶然的机会，诺贝尔发现一种叫雷酸汞的物质可以用来引爆硝化甘油，如果把它们装进一根管子，就可以人为控制引爆时间了！就这样，雷管诞生了。

这种新型的炸药给诺贝尔带来了名气，也带来了无尽的灾难。炸药实验室因为硝化甘油爆炸成了一片废墟，诺贝尔也因为这次事故失去了亲人和朋友。不仅如此，因为硝化甘油不稳定的特质会引起大爆炸，世界各地都有噩耗传来。悲痛中的诺贝尔发誓要研制出更安全、更稳定的硝化甘油炸药。

只有真正走过诺贝尔的炸药之路，才知道这条路有多么坎坷。对诺贝尔来说，与硝化甘油相处的每一秒，都如同有一把利刃悬在喉咙处。为了观察炸药的爆炸情况，诺贝尔会站在原地一动不动，目不转睛地盯着导火索燃尽。"轰"的一声，尘土飞扬，当人们都觉得诺贝尔已经凶多吉少时，满身是血的诺贝尔从尘土中钻了出来，高呼着"成功了！成功了！"此时的诺贝尔眼里哪里还有恐惧，只有爆炸过程中的专注和实验成功后的喜悦。

有人说，诺贝尔的人生，像极了他毕生研制的炸药，无数微小的催化剂颗粒无数次地飞向原料，带来一次次火花四射的爆炸。即使粉身碎骨也要完成实验，与"死神"共舞成了"炸药大王"诺贝尔的工作写照。

从这些科学家的身上，我们看到了风险与收益并存的魅力，也看到了人在困境中被激发出的巨大决心、勇气和思考能力。

既然有人在困境面前像一个不倒翁，愈挫愈勇，自然也有人认为困难难以战胜。我们可以把拥有不倒翁思维的前者称为反脆弱者，而把后者称为脆弱者。脆弱者如同达摩克利斯，看到国王座位正上方高悬的剑便连连求饶，放弃了对王位的想法。这样的人难以抵御风险，任何一次挫败都有可能重重击倒他们，并使其无法振作起来。

不倒翁思维是我们每个人都值得拥有的思维方式。你想不想成为反脆弱者呢？你的生活中发生过哪些反脆弱的事？

插上脑机接口，运用不倒翁思维

现在你能说出什么是不倒翁思维了吗？它指的是在逆境中积极汲取力量、从风险中受益，然后让自己变得更加强大的思维方式。下面，我们继续来聊聊如何面对逆境，以及如何培养不倒翁思维。

在日常生活中，根据人们面对逆境时的不同态度和选择，其实可以把他们分为以下三种。

第一种是放弃者。放弃者指的是那些在面对困难时选择退缩的人。他们害怕失败和风险，缺乏坚持的毅力，即使遇到一点挫折也会选择放弃，失去继续前进的勇气。他们无疑就是我们上节课提到的"脆弱者"。可是我们应该知道：放弃并不能解决问题，只会让自己束手无策、停滞不前。

第二种是扎营者。扎营者也是在逆境中选择停滞不前的人，不过和放弃者不一样的是，他们常常能够面对困难，却害怕冒险和变革。他们害怕未知带来的风险，所以选择安于现状，守住舒适区，不愿意冒险尝试新的事物。但我们都知道"逆水行舟，不进则退"的道理，扎营只能限制个人的成长，并阻碍自身发挥更大的潜能。

第三种是攀登者。从字面意思也不难理解，攀登者指的是那些在逆境中积极应对挑战、不断追求进步、努力向上攀登的人。他们拥有不倒翁思维，相信每一次风险都是成长的机遇，所以勇于面对困难，也不惧失败。他们相信，通过努力和坚持一定能够取得成功。攀登者不会因遭受挫折而气馁，而会从失

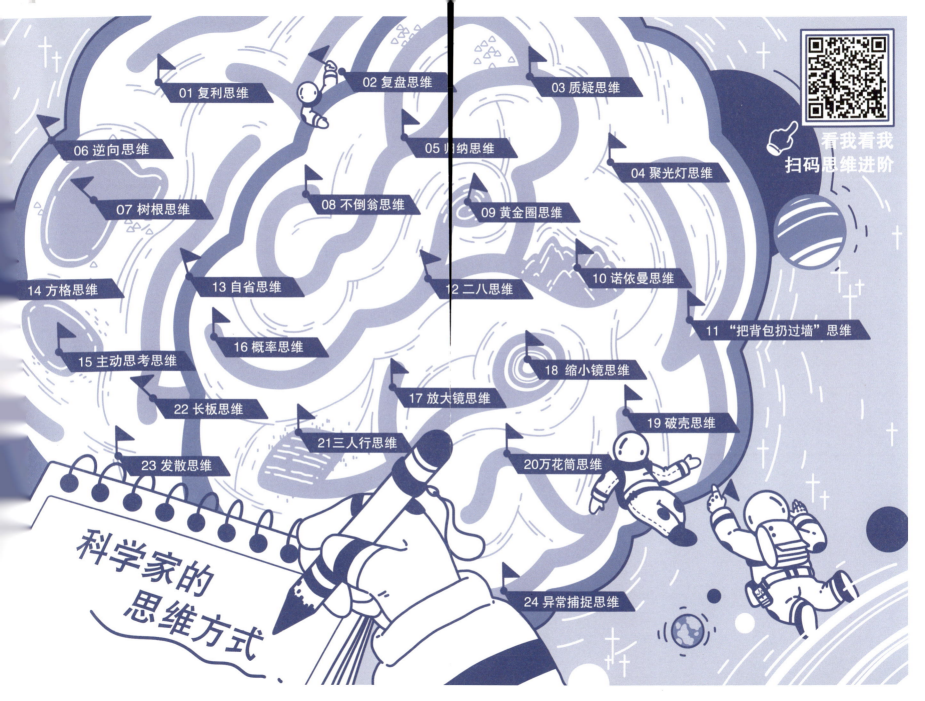

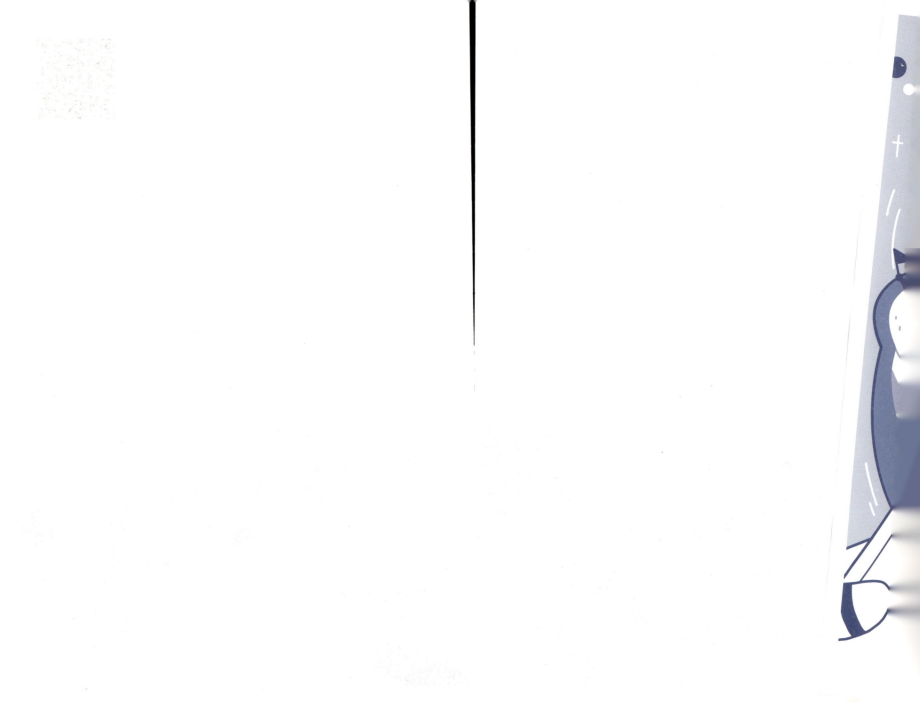

败中汲取教训，为下一次的挑战做好准备。

认识了这三种人之后，在日常生活中遇到困难时，你觉得自己扮演的是放弃者、扎营者还是攀登者的角色？

相信你一定希望自己成为一个积极应对困难、勇敢向上攀登的人，那么，我们应该如何培养不倒翁思维呢？首先要学会驱散负面情绪。

当我们遇到挫折或者失败时，往往会被消极情绪笼罩，无法正常思考和行动。但正所谓"胜败乃兵家常事"，有成功就一定会有失败，我们要接纳失败和挫折。要知道，失败并非终点，而是成功路上必然要经历的过程。只有经历过失败，我们才能更好地成长和进步。俗话说得好，失败是成功之母嘛。

但是，即使我们可以面对失败，也会因为失败而产生负面情绪。我们可以尝试用一些方法来驱散这些负面情绪。例如，当负面情绪来袭时，可以拍一下桌子喊停，给自己一个信号，一旦发出信号就不可以再伤心难过，以打破消极的情绪状态；或者可以转移注意力，做一些自己喜欢的事情，比如吃一样自己喜欢的食物或看一集动画片，让自己暂时摆脱沮丧的心情；

另外，运动也是释放坏情绪的有效方法，适当的运动可以让我们的身心得到放松和舒缓。

良好的心理韧性，是具备不倒翁思维的人的重要品质。保持乐观积极的心态能够帮助我们更加坚韧有力地应对困难，那么，我们还可以做什么来培养不倒翁思维呢？🔊 ⑦

我们认识了困境面前的三种人，也一起探讨了想要成为具有不倒翁思维的"攀登者"需要怎样做。不倒翁思维是一种积极应对风险和逆境的思维方式，能够让我们在面对困难时保持镇定，并从中获取成长与收益。放弃者选择逃避，扎营者选择停滞不前，而攀登者选择超越自己、面对挑战。只有通过培养不倒翁思维，我们才能成为那个在逆境中崛起并成功登顶的攀登者。

拥有不倒翁思维并不是一蹴而就的过程，需要不断地练习和坚持。当我们面对风险和挑战时，不要害怕失败和困难，而要积极面对它们，并从中学习和成长。相信只要拥有不倒翁思维，我们就能够在逆境中迸发出更大的力量，不断向前迈进。

09
黄金圈思维

做错题也不要紧

只要做过作业、考过试，一个人就肯定有过做错题的经历。有时，我们以为自己知道了某些题该怎么做，但题型稍微变换一下，就又不会做了。这是为什么呢？因为知道"怎么做"只是表象，而知道"为什么要这么做"才是本质。在日常的思考和表达过程中，很多时候我们只关注事物的表面现象，却没有深入洞察其本质。这就像剥洋葱，我们只剥掉了外层的皮，而没有得到内在的核心。该怎么办呢？别急，黄金圈思维就能改变这种情况。

黄金圈思维也被称为"剥洋葱思维"。这个思维模型让我们从"为什么"开始思考，再逐步深入探究"怎么做"，最后才确定具体的"做什么"或"是什么"。这种思维方式可以揭示事物背后的关系，让我们的观点更加清晰、准确。如果仅仅停留在问题是什么上，问题的根源将永远被深深地埋藏起来，问题自然也就无法解决。

哲学家苏格拉底就是运用黄金圈思维的典型人物。

苏格拉底以爱问问题闻名于世，他总是用提问引导人们深入思考，通过这种方式帮助人们从表层认知升华到深层理解，从而更好地理解事物的本质和意义。比如，有一次，苏格拉底和一位将军就"什么是勇气"展开了一段对话。

将军说："我认为我是个有勇气的将军。"

苏格拉底问他："恕我无知，请告诉我，究竟什么是勇气呢？"

将军说："虽然敌众我寡，但是我仍敢与之一战，这就是勇气。"

苏格拉底回复道："这是勇气的例子，并不是勇气本身。而且这样一来，我方战士势必面临大量牺牲。"

这时将军反驳道："那可说不定，万一赢了呢？"

苏格拉底又问："所以，勇气就是冲动冒险吗？"

将军陷入了沉思。

黄金圈思维不仅在科学和哲学领域有所应用，在商业领域也发挥着重要作用。乔布斯就是一个运用黄金圈思维的典范。乔布斯为什么能让苹果成为全球知名品牌？面对这样一个问题，你会如何回答呢？如果你的回答是"苹果手机的设计感十足、简洁大方""苹果手机运行速度快、摄像头拍照清晰"，你就已经站在黄金圈外看待问题了。事实上，其他的手机厂家常常也是这样考虑的：

我们做了一部很棒的手机→我们想让用户体验良好，手机使用简单、设计精美→我们想占有一定的市场份额→尊贵的用户，请买一部吧！

这种大众思维从"是什么"，到"怎么做"，最终再落脚到

"为什么"，与黄金圈思维的思考方向完全相反。

乔布斯和苹果公司是如何思考的呢？乔布斯说过："活着就是为了改变世界。"这正是苹果公司从内核出发思考问题的写照：苹果公司做的每一件事都是为了创新和突破，坚信"应该以不同的方式思考"。苹果公司挑战现状的方式是：先把产品设计得十分精美、使用方法简单、界面友好，然后告诉世界"我们做出了一部最棒的手机"，最后问用户想不想买一部。

除了以上案例，黄金圈思维在日常生活中也有着广泛应用。例如，回到日常的学习场景，在做数学题时，很多同学更多专注在运算过程，也就是"怎么做"上，而忽略了问题本身——为什么要解这个题目。我们应该反其道而行之，先思考为什么要解这个题目——是为了锻炼逻辑思维能力，还是为了提升数学知识水平？想明白了这个问题，我们就能更好地把握问题的核心，从而更高效地解题。

好啦！通过本节课的学习我们了解到，黄金圈思维是一种非常有价值的思维方式。它从"为什么"开始思考，让我们逐步洞察事物的本质，并让我们的观点更加清晰、准确。无论在科学研究、哲学思考还是创新领域，黄金圈思维都能够帮助我们做到由表及里、由外到内、从模糊到清晰。

插上脑机接口，运用黄金圈思维

为什么我们总是看不清事物的本质呢？这和我们在思维过程中的习惯有关。很多人都倾向于只了解事物的外在表象，这种表层思维的局限性导致我们经常陷入做无用功的局面，忙于执行琐碎的任务而无法真正把握事物的本质和核心。

与这种表层思维相比，少数人具备黄金圈思维。他们从"为什么"开始思考，并不断追问自己：为什么要做这件事情？为什么这样做能够达到预期的效果？通过深入思考和多角度推敲，他们能够找到正确的方法和策略。因为他们明确了为什么要做某件事情，所以具备了清晰的目标和方向，从而在做事的过程中变得游刃有余。

这就是黄金圈思维的魅力。那么，我们应该如何用黄金圈思维法则确定目标呢？接下来，我们就一起通过三个步骤来解决问题，实现目标（见图 9-1）。

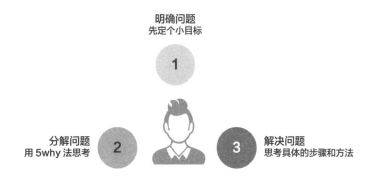

图 9-1　黄金圈思维法则

首先，我们需要明确问题，先定个小目标。无论准备一场考试还是利用暑假学习一项技能，我们都需要思考自己最需要解决的问题是什么。通过思考问题，我们可以更好地理解自己的需求和期望。

例如，漫无目的时，我们心里总想着早起看会儿书，但因为犯懒、天气不好、熬夜等各种原因，三天打鱼两天晒网，白白浪费了许多个早晨。但是，我们只要明确了目的，就会积极了解早起的方法，比如定一个声音很大的闹钟，请父母叫醒，再比如放好几个位置不同的闹钟。选出最有效的方法，通过内

驱力催生执行力，雷打不动地执行，从而实现一步又一步的
成长。

其次，我们可以运用 5why 法分解问题，不断地追问自己
"为什么"。例如，如果想学习某个技能，我们可以问自己："我
为什么要学习这个技能？"然后再追问："我为什么要用这种方
式来学习这个技能？"接着再追问："我学会这个技能之后能做
什么？"依此类推，通过不断追问"为什么"，我们可以逐渐揭
示自己内心真正的需求和动机。

最后，在深入思考之后，我们可以开始思考"怎么做"和
"做什么"，去解决我们之前不断对自己提出的问题。这一步
是相对简单的，因为我们已经明确了自己的需求和动机。这时
就要用到"怎么做"和"做什么"的方法了。首先要开始思考
"怎么做"，我们可以考虑具体的步骤和方法。例如，如果我们
想提高考试成绩，就可以通过制订学习计划、找到适合自己的
学习方法等方式达到目标，比如和同学组队开展小组学习，一
起做作业，在薄弱科目的学习上互帮互助。然后就要去思考具
体"做什么"了。我们可以将具体的行动落实到日常生活中，
比如每天使用 📢 ⑧番茄工作法和 📢 ⑨ KISS 复盘模型辅助自
己进行专注学习，并且每天都做五个不同类型的相关题目。

　　黄金圈思维法则，能够帮助我们更深层次地了解自己的需求和动机，从而更加精准地制订目标和计划。只有明确了目标，我们才能更高效地达到并超越自己的期望。用黄金圈思维确定目标，是一个很好的方法，它可以帮助我们清晰思考、明确需求，并最终使我们更加有针对性地制订计划和行动。

10 诺依曼思维

要把大象装进冰箱，总共分几步

先问你一个问题："怎样把大象装进冰箱？"其实这是个春晚的小品段子，你可能听过。如果你没听过的话可以问问爸爸妈妈，他们一定知道。小品里说："把大象装进冰箱里，一共分三步。第一步，把冰箱门打开；第二步，把大象装进去；第三步，把冰箱门关上。"这虽然是一个脑筋急转弯，段子式的回答也很笼统，却让人听了觉得确实是这么回事，这件事的的确确可以分解成几个明确的步骤。

带着这样的思维方式，我再问你一个问题："怎样可以让人类登上月球呢？"

这时你可能会说："这可难不倒我！人类已经登上过月球了，不就是坐着飞船飞到月亮上，然后航天员再从舱门走出来嘛！实现这一壮举的阿姆斯特朗还留下了一句'这是我个人的一小步，却是人类的一大步'，被后人奉为经典。"

那如果我再问你："飞船如何才能飞到月亮上呢？"这可是一件需要费些脑筋的事，因为飞船可不是点火之后直冲冲奔着月亮去的！而我这节课要讲的故事就与"奔月"有关，但有点特别的是，它不是某位科学家的故事，而是一批科学家，或者说一批科研工作者的故事。我要讲的，就是我国探月计划的故事。

刚刚我们说，用三步可以把大象装进冰箱，现在我要告诉你：用三步，我们也可以登上月球。2004 年，我国正式开展月球探测工程，并给这个工程起了一个富有诗情画意的名字——"嫦娥工程"。我国的探月计划分为"三步走"，也就是"绕""落""回"。只要完成这三步，我们就可以实现"登月"的愿望。

"绕""落""回"这简单的三个字，究竟是什么意思呢？我来给你讲讲这三步的含义，以及每一步分别需要完成什么事情。第一步"绕"，就是在地球上发射航天探测器，使用足够的动力让探测器可以围绕月球飞行；第二步"落"，就是通过准确的数据计算和操作，让探测器可以安全平稳地落在月球的表面；第三步"回"，就是探测器带着在月球表面采集到的样本，按照计划回到地球上。

我们再来举一个简单的例子：把月球想象成一个遥远的边陲小镇，而探测月球便是一次长途旅行。刚到这个小镇，人生地不熟的你漫无目的地闲逛，看看小镇周边都有些什么，这就是"绕"。如果发现了一个好玩的风景区，你会买票、拍照、登山、划船，停下脚步拥抱大自然的美景，用心感受当地的风土人情，这就是我们说的"落"。当这段旅行结束时，你会返回自己的城市，回到自己正常的生活。在返回的时候，你会带一些当地的特色食物或手工艺品与亲人和朋友分享，这就是"回"。

2020 年，嫦娥五号探测器携带月球样品返回，我们已经实现了"三步走"的最后一步；而现在，我们正在紧锣密鼓地筹备我国自己的载人登月计划。听到这里，你是不是觉得"登上月球"这件事逐渐变得清晰，好像没有刚听到时那么"困难"了？所以你看，像登上月球这样的事，只要能够按步骤分割和梳理好，就可以一步一步完成。

这样逐步完成事情的思维方式叫作"诺依曼思维"，它是指将一个复杂问题拆解成一个个小细节，然后将小细节重新组合成有某种意义和特定属性的大问题。可为什么叫它"诺依曼思维"呢？诺依曼是谁？为什么要用他的名字来命名？别着急，我现在就来把这件事讲清楚。

诺依曼的全名叫约翰·冯·诺依曼，他是 20 世纪重要的数学家、物理学家，还对电子计算机的发明起到了关键的作用，被西方人誉为"计算机之父"。

1945 年，诺依曼联合计算机科学家们提出了计算机系统结构的具体设计报告，将计算机系统定义为五个部分：运算器、控制器、存储器、输入设备、输出设备。诺依曼又根据体系结构推导得出：计算机被设计出来，就是为了解决生产活动中的实际问题；而要解决问题，首先需要将数据或问题输入计算机，所以计算机必须有输入设备；然后，数据在计算机中经过一系列的运算，最后通过输出设备进行输出。

从计算机解决实际问题的过程中，我们就可以看出：诺依曼倾向于将事情按照步骤分解，他可以把一个复杂的事物拆解得非常细，还可以把极小的细节组合成有研究意义的新课题。

这不正是我们所说的"诺依曼思维"吗？当然了，如果你觉得"诺依曼思维"念起来有些拗口，你也可以把这个思维叫作"探月思维"，因为我国探月三步走的思路也是确立大目标后将它拆解成小目标并逐步实现的，是一样的道理。

看了几个例子后，相信你应该渐渐理解了"探月思维"。事实上，不是每个人都需要去解决"如何登上月球"这样宏大的课题，日常生活中也很难遇到需要"把大象装进冰箱"的情况，而计算机系统结构更早已不用我们"操心"。那么，日常生活中还有哪些情况会用到"诺依曼思维"呢？我们要如何做，才能让这种思维发挥最好的效果呢？接下来，我们就来聊聊这些问题。

插上脑机接口，运用诺依曼思维

诺依曼思维是一种将复杂问题拆解为小问题，并通过重新组合小问题来解决大问题的思维方式。这种思维方式不仅可以锻炼我们的洞察能力和创新能力，还可以帮助我们更好地解决生活中的各种难题。

例如那个非常经典的跑步问题，足以说明诺依曼思维的重要性：有三个业余的跑步爱好者，约好一天跑步十公里。第一个人不知道终点是哪里，一开始就非常兴奋地出发了。第二个人知道自己的终点在哪里，也开始向终点跑去。第三个人没有着急出发，而是拿起地图开始从起点到终点进行分段式的跑步规划。你觉得，谁会是第一个到达的人呢？

毫无疑问，第三个人是最有可能最先到达的那一个，而且在跑步过程中，他也有足够的时间和精力享受一路的风景。

第一个人没有目标，最开始可能是最快的，但是到了后面就会觉得越来越累，很难坚持，甚至可能会犯南辕北辙的错误。第二个人有了目标，但是缺乏规划，所以在跑步过程中他可能会抱怨："怎么还没到终点，我都跑了很久了。"结果只能是越跑越累。而第三个人有了清晰的规划，每时每刻都知道自己在什么位置、距离终点还有多少路程。所以说，目标很重要，实现目标的规划更加重要，而这正是诺依曼思维发挥价值的地方。

在生活中，我们运用诺依曼思维看待问题和解决问题的过程就像拼乐高的过程。我们拿到一款新的乐高，打开包装，准备开始拼，这时我们首先要做的是什么？是不是要先看看图纸，确定我们到底要拼成什么样子，然后看看对应的积木块都长什么样？这就是我们运用诺依曼思维的第一步：遇到复杂问题时，先明确问题是什么、目标是什么。

紧接着，弄清了目标是什么，我们就要开始向着目标靠近了。运用诺依曼思维的第二步，就是要针对问题，逐层拆解核心影响因素，找到最小颗粒的解决公式。拼积木需要一层一层地拼，需要去观察每一层的颜色、形状、用到积木的数量等，而每一层都是由许多最小的积木块组成的，所以积木块就是我们解决整个大问题的最小颗粒。

逐层拼好，其实乐高就算"完工"了。但我们知道，乐高作为积木玩具，它本身并不是必须按照图纸才能拼成我们想要的样子的，这个时候我们就可以开动脑筋发挥自己的创意，将积木拼成自己想要的样子。这也是运用诺依曼思维的第三步：根据目标与原理，将问题的核心影响因素重新排列组合，获得新的灵感与方案，创造新的观点或成果。

我们还可以在学习场景中运用诺依曼思维来解决问题。比如，我们在学习一门新的语言时，可以将它分解成词汇学习、语法学习、听力训练等小部分进行学习。通过拆解语言学习的核心影响因素，我们可以制订有针对性的学习计划，并逐步实现学习目标，比如先记单词，再学语法，然后练习阅读和听力。这样的分解和组合过程能够帮助我们更好地提高学习效率。

除了日常学习，健康管理也是一个非常适合应用诺依曼思维的领域。要想改善自己的健康状况，可以将健康问题分解为饮食、运动、睡眠等，然后我们就可以制订相应的计划和目标了。比如先从最简单的早睡早起、按时吃营养均衡的三餐开始，再一点点增加运动量，最终可以达成很多健康指标。通过拆解和重新组合健康的核心影响因素，我们可以找到适合自己的健康方案，有效改善身体状况。

除了学习和健康管理，诺依曼思维在日常生活中也有广泛的应用。比如，一个小组的好朋友吵架了，我们就可以将问题拆解为朋友的关系、沟通方式、分工等小问题，并通过重新组合这些小问题，寻找到解决问题的新思路。在处理人际关系时，我们可以将关系问题拆解为交流方式、情感需求等部分，并通过重新组合这些小问题来改善关系。因此，诺依曼思维不仅可以在解决问题时发挥作用，而且可以帮助我们培养创造力和创新思维。通过不断拆解和重新组合问题，我们可以获得新的灵感和观点，创造出具有独特价值的成果。

诺依曼思维是一种强大的思维工具，它能够帮助我们更好地理解和解决复杂问题。无论日常生活和学习，还是一些宏大的科学课题，或是一些天马行空的假想，都可以运用诺依曼思维进行思考。通过拆解和重新组合问题，我们能够获得全新的视角和解决方案，提升自己的认知能力和创造力。

11

"把背包扔过墙" 思维

先写假期作业，还是先玩

你在放假的时候，是喜欢先完成作业，然后愉快地享受假期呢，还是喜欢先放松，等到临近开学再回过头来赶作业呢？如果你是后者，下面的故事内容会与你紧密相关；如果你是前者，也不妨继续读下去。

故事的主角是一位鼎鼎大名的科学家，他的有名程度一点也不亚于我们前面讲到的诺贝尔。他就是那个"发明了电灯的男人"——爱迪生。

我们都知道是爱迪生发明了电灯，历史上也有明确的相关记载：1879 年，爱迪生发明了世界上的第一盏电灯。但其实，

更详细的版本是这样的：1879 年，爱迪生对外界宣布，他将在当年年底公开展示他的新发明——电灯。但事实上，因为一直没有找到合适的材料，爱迪生之前的所有实验全部以失败告终。这样的公开宣言，可以说是切断了自己的退路，迫使他必须费尽心思拼命兑现承诺。但也正是这种背水一战的决心，督促他行动起来，不断尝试。尽管面临重重困难和挑战，但是他依然在当年将尽时取得了成功。这种"背水一战"的思维方式，就是我这节课想向你介绍的"把背包扔过墙"思维。

字面意思让你云里雾里的是吗？没关系，等我慢慢给你解释。其实，"把背包扔过墙"的说法出自美国一位著名的心理治疗专家威廉·克瑙斯，他说："如果你想翻越一堵高墙，但觉得它难以攀爬，该怎么办呢？解决方法很简单，就是将你的背包一把扔到高墙对面去。这样，你自然会为了你的背包想尽一切办法翻越过去。"换句话说，当你觉得必须完成某件事情，但总是因为各种原因拖延时，不如主动将自己置于一个不得不做的境地，对自己严格要求，努力去完成那些必要的事情。

爱迪生就是以这样的思维方式，为自己设定了时间和目标。你看，他直接把自己会发明出电灯的事情公之于众了，这就把自己置于了一个可能面临失败风险和名誉损失的境地，以此激发自己的潜能。最终他克服了重重困难，兑现了当初的承诺。简言之，就是"置之死地而后生"。

除了爱迪生，同样面临挑战的还有美国的阿波罗登月计划。20 世纪 60 年代初，时任美国总统约翰·肯尼迪发表了一篇关于美国航天计划的演讲，明确提出了美国将在十年内实现人类登月的宏伟目标。

要知道，就算我国今天的科技已经如此发达，都还尚未实现载人登月的目标，所以我们可以想象，当时的美国想要实现载人登月计划，有多么困难。但肯尼迪的演讲给阿波罗登月计划树立了一个非常明确且无法"抵赖"的目标。这也给科学家们平添了巨大的压力，因为在肯尼迪发表这段演讲的 20 天前，美国刚刚把第一个宇航员送入太空，而且他还没有进入地球轨道，所以说美国的登月之路可谓"道阻且长"。

然而，阿波罗登月计划就像被肯尼迪扔过高墙的背包，计划已经被提出，就只能全力以赴。肯尼迪的演讲对美国航天计划产生了深远影响，美国国家航空航天局（NASA）开始调整其研究方向和资源分配，全力以赴地投入载人登月计划。经过一系列的技术研发、实验和准备工作，NASA 最终成功实施了阿波罗登月计划。1969 年 7 月 20 日，阿波罗 11 号宇宙飞船承载着全人类的梦想在月球表面着陆。阿姆斯特朗说出了著名的那句"这是我个人的一小步，却是人类的一大步"。这次成功为人类提供了宝贵的机会，使人们能够更深入地了解月球的性质和特点，为未来的太空探索奠定了基础。

"把背包扔过墙"其实跟我们学过的一个成语"破釜沉舟"有着相似的意义。

秦朝末年，民生凋敝，民众不堪其扰，纷纷起义反抗暴虐

统治，项羽和叔父项梁也决心起兵。在最后的决战时刻，项羽
做出了一个前所未有的决策：在渡河之前，砸破炊具，烧毁营
舍，只带三天的口粮；在渡河之后，凿沉船只，以表决一死战
的决心。结果，楚军果然以一当十，奋勇死战，九次大破秦军。
打败秦军后，诸侯们面向项羽俯身拜倒，俯首称臣。这就是著
名的"巨鹿之战"，从此项羽名震四海，不仅给后人留下了一个
为人称道的战争案例，而且让"破釜沉舟"这个成语深入人心。
这个成语形容的是人毅然决然、不留退路的心理状态。这种心
理状态不就是我们所讲的"把背包扔过墙"的心态吗？

回到现实生活中来，你还记得我在本节课开头问过你的问
题吗？你是喜欢先写完作业再去玩，还是先玩够了再回来补作
业？如果你是后者，你可能有所谓的"拖延症"。吃饭的时候左
顾右盼，临出门才开始收拾书包，学校需要的东西要用的时候
才想起来准备，等等。其实拖延症很常见，并不可怕，想解决
它也不难。我们这节课学习的"把背包扔过墙"的思维方式就

是很好的对抗拖延症的办法。

听到这里，相信你已经体会到"把背包扔过墙"思维的重要性了。当你遇到难以克服的困难时，如果能够运用这种思维方式，鼓起勇气直面挑战，就很可能会充分激发出自己的潜力，最终在逆境中取得胜利。那么，如何将这种思维运用到我们的日常生活和学习中呢？

插上脑机接口，把背包扔过墙

这节课，我们就从拖延症开始，聊聊如何善用"把背包扔过墙"思维，做到执行力满分。

拖延症，是一个非常让人头疼的问题。我们往往在最后一刻才匆匆忙忙地开始做事，这样不仅事情不容易做好，而且自己也会无法充分发挥潜力，经常焦虑和紧张。

其实拖延症也分很多种，大体分为期限型拖延、个人事务拖延、简单拖延和复杂拖延 📢⑩。

无论是哪种类型的拖延，都会让我们感到沮丧和焦虑。而如果运用"把背包扔过墙"的思维，就有可能战胜拖延症，迎来更积极有效的生活。接下来我从两个角度，告诉你如何对付拖延，提高效率。

第一，我们要改变自己对拖延的看法。不要给自己贴上"拖延症患者"的标签，也不要给他人贴上这样的标签，因为当你认定自己有拖延症时，它就会变成你的借口，你会真的开始拖延，比如你总是不按时写作业，不按时整理房间，遇到困难就想着后面再说……最终变成一个拖延度 100% 的拖延症患者。你要相信自己能改变，成为一个行动派；也不要害怕失败，要敢于尝试和面对挑战，毕竟做了才有可能成功，而不做就只会失败。为了培养立即行动的习惯，我们可以设定每天完成一些小目标的计划，比如每天列出必须完成的六件事清单，并给自己规定奖惩措施，逐渐增强我们的行动力。

第二，我们要放下多余的包袱。不要过分关注别人对自己的看法，也不要过于苛求自己在别人心中的形象是完美的。例如，别人觉得你"学习成绩不好，是个差生"，你就要认同他，也觉得自己是个差生吗？当然不是这样的，我们不用过分关心其他人的想法，如果你不想被"差生"这种片面的评价困住，你要做的就是提高自己的效率和能力，而不是被别人的评价左右。有拖延症的人常常因为对任务结果过度担忧而迟迟不敢行动。所以，放下包袱，轻松地去追求自己想做的事情吧！

除了以上两个角度，我还有一个具体的方法，只需要五步就能终结拖延症（见图 11-1）。

察觉
找出拖延的原因和它怎样影响我们的行动

行动
除了去做，没有更好的选择

调节
花五分钟，开开小差，做点别的小事

接纳
给自己正面评价，鼓励自己

自我实现
战胜拖延，按计划行动，人生会有大不同

图 11-1 五步终结拖延症

虽然实现一个宏大的目标听起来似乎还很遥远，但我们眼下能做的正是"把背包扔过墙"。别管有没有想好怎么翻墙，把背包扔过去后，你总会想办法翻过去的。

　　无论你有没有拖延的习惯，你都能从"把背包扔过墙"思维中学到些什么；而无论你想做的事情是什么，都要行动起来。一旦你行动起来，你就会发现自己变得更加高效，也更快乐了。

12

二八思维

世界本身是不平衡的

不知道你有没有听过这样一句话：世界上 20% 的人口掌握着世界上 80% 的财富。你知道这句话是怎么来的吗？这要从意大利经济学家帕累托的研究说起。在一次经济学研究中，19 世纪英国人的财富和收益模式引起了帕累托的注意。在所有的抽样调查中，他偶然发现大部分的财富流进了一小部分人的口袋之中。这虽然是一种不平衡的模式，但它在后续的研究数据中经常出现。即使通过数学计算，这种不平衡的结论也依然成立。

于是，帕累托便得出了这样一个结论：20% 的人口掌握着 80% 的财富。如果这种不平衡是成立的，我们就可以推测，其中 10% 的人口掌握着 65% 的财富，5% 的人口则掌握着 50% 的财富。你看，这是一件很神奇的事情。拥有大部分财富的人只是少数，而其他人虽然在数量上是极其庞大的，但是他们占有的财富只是少数。在后来的研究中，人们又慢慢发现生活中的大多数事情都在遵循这种不平衡模式，比如人们利用 20% 的时间完成了 80% 的工作，20% 的精英劳动者创造了一个企业 80% 的利润，80% 的营业额实际上来自 20% 的客户群体，一本书 80% 的重要信息都来自 20% 的内容，有些人 80% 的收入来自 20% 的努力工作，努力了 80% 却不如 20% 的好运气，等等。

当然，极其精确的统计数据并不一定与我们列举的 20% 和 80% 的百分比完全吻合，但二比八的规律可以应用于太多生活中的现象。逐渐地，人们习惯于用 20% 对比 80% 来描述这种极度不平衡的现象，而这样的规律就被人们称作二八定律。

我们说了这么多，也列举了好几个二八定律的例子，现在你能用自己的话说出什么是二八定律吗？实际上，二八定律是说：在任何一类事物中，最重要的只占其中的一小部分，大约 20%；其余的 80% 尽管是多数，却往往没那么重要。接下来，让我们一起学习如何用二八定律来看待问题、如何培养"二八思维"。

请你思考一个问题：什么叫用二八定律来看待问题呢？

二八定律即二八法则，也被称为"最省力的法则"，指以一份小的努力和投入，来撬动大的结果和产出。这么说起来可能有点抽象，让我们换个角度来理解。根据上面提到的例子，我们应该在生活中善于发现并利用好这种不平衡的力量，从而让自己专注于 20% 的主要部分，并得到 80% 的回报。

其实，二八思维是很多聪明人和名人大家都具备的思维方式。一代名臣曾国藩饱读诗书，他的读书方法中就隐含着二八法则。《曾国藩家书》中有这样一段文字，记录了他的读书方法："须速点速读，不必一一求熟，恐因求熟之一字，而终身未能读完经书。"曾国藩认为，读书只需要泛读整本书，了解内容即可，不需要做到每一个字都弄清楚，如果在每一个字上都浪费时间，那根本不可能读完一本书。你发现了吗？曾国藩的读书方法带有极强的目的性，他懂得快速筛选书中对自己最有帮助的内容，也就是这本书中 20% 的精华。曾国藩正是充分利用了这一点，才能将所有的精华知识融会贯通，终成一代名臣。这也可以给同学们平时的学习带来一些启示：千万不要因纠结于 80% 无用的文字而耽误读书的效果，只有先把握住 20% 的有效阅读，才能腾出更多的时间和精力去读下一本书。

插上脑机接口，运用二八思维

拥有了二八思维，我们就可以通过找到最重要的事情并优先完成它，来达到事半功倍、四两拨千斤的效果。那么，有没有什么具体的方法或者步骤，帮助我们树立二八思维呢？还真有三个步骤（见图 12-1）。

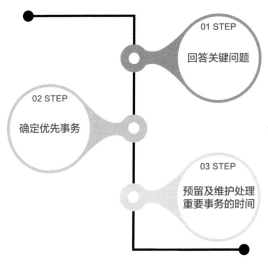

图 12-1　树立二八思维的三个步骤

第一步，回答关键问题，找到目标。在日常生活中，我们总是有很多事情需要去做，但并不是所有的事情都是同样重要的。所以，如果希望提高效率，我们需要找到一个目标。你可以找一个安静的环境，静下心来问问自己：想要实现你的目标，最重要的是什么？是学习成绩的提高，还是家长老师的认可，又或者是找到一个自己喜欢的学科？这个目标可以与学习有关，也可以与日常生活有关。在找到大目标后，我们就可以将它逐级分解为年目标、月目标，甚至是周目标、每日目标。例如，与提高英语成绩这个大目标相对应的小目标就可以是"今年期末考试要提高 20 分""阅读要提高 10 分""每天精读一篇英语阅读理解"，等等。

第二步，确定优先事务。在我们达成目标的过程中，需要做各种各样的事情，但按照二八法则，只有大约 20% 的事情是重要的，而重要的事情就是需要我们优先去做的。因此，我们要深思熟虑，确定最重要的事情是什么。就像前面提到的，如果希望提高英语成绩，对你来说，阅读是最重要的部分吗，还是听力或作文更重要呢？在确定最重要的一件事后，我们就要全身心地投入其中，用充足的时间和精力去完成它。因为一旦这个最重要的事情完成了，其他事情都会变得简单起来。

第三步，预留及维护处理重要事务的时间。为了确保不会被琐碎的事情干扰，我们首先需要为重要事务预留足够多的时间。不管遇到什么样的困难，我们都不应该将时间挪用到其他不重要的事情上去。或者说，我们要"不惜代价"地维护预留时间，这也是在提醒自己"要专注于 20% 的事情"，这样才能真正发挥二八思维的效果。

相信通过实践中的总结与体会，抓大放小，把时间和精力投入最重要的事情，你一定会成为有条不紊、高效有序的生活和学习能手！

13

自省思维

水喝多了也会中毒吗

你知道喝水也可能会中毒吗？你知道在野外遇到了"熊出没"应该怎么办吗？我说的是真熊啊，可不是那两个可爱的动画形象。对生活在城市里的我们来说，不知道问题的答案可能也没什么关系，但对那些常常在野外工作的人来说，这就是关系到生命的大事了。这节课我们要讲到的故事就和这样的大事有关。

我国地质学家翟明国带领团队在云南进行考察的时候，遇到了许多艰难险阻。云南地区的山路崎岖不平，有些地方草木丛生，甚至连道路都没有，只能依靠当地向导挥舞着砍刀劈出一条小路供地质考察团前进。这一路上他们遇到的最大困难是什么？你可以猜猜看，在云南的山区里开路前行，会遇到哪些困难？天气多变？野兽袭击？道路险峻，极为危险？这些确实都是困难，但最令人头疼的，是一路上没有可饮用的水源，这可难坏了翟明国。

当他带着队伍跋涉了许久，终于发现了一处水源，正准备酣畅淋漓地喝个饱时，当地向导马上喊住了翟明国，说："这里的水不能喝，可能有毒。"这句话无疑给口渴到快没有力气的翟明国泼了一盆冷水。近 20 小时没有喝水，还要不停赶路，翟明国的体力已经接近极限。但没有办法，他们还是选择强忍着口渴继续前进。当终于回到住处时，翟明国终于找到了当地人准备的"救星"——水。他开始疯狂地喝水，突然间，意外发生了——翟明国一下子晕倒了。原因很简单，就是由于饮水过量，导致了 📢⑪ 水中毒。翟明国回想起这段经历时，不禁感慨，人体健康知识的不足，让他一次又一次遭遇惊险的情况。

翟明国意识到，有的危险情况是自身缺乏人体健康知识，对人体健康的认知不足导致的；而这种对"认知不足"的意识，就是这节课我想向你介绍的科学思维——自省思维，也叫作元认知思维。

　　什么是"元认知"呢？这个词乍一看很高深，但其实并不难理解。元认知是人对自己认知活动的自我意识、自我监控和自我调节，也就是对认知的认知。比如，"过量喝水会导致水中毒"是对人体健康的认知，而在拥有这种认知的同时，你能认识到"我之前并不知道这一点，原来我的知识如此不足"，这就是对认知的认知，也就是我们所说的元认知。这种思维的核心在于：认识自己的不足，然后基于这样的认知更好地进步。所以，元认知思维也被叫作自省思维。

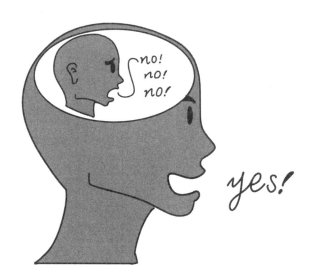

　　我们都知道，成功不是一件一蹴而就的事，而许多人的成功都离不开自省思维。国际知名大气科学家，"半隐式差分法"

的发明者曾庆存院士，也是一个充分利用元认知提升自己的人。

1954 年深秋，一场晚霜冻死了河南大面积的小麦。曾庆存听到之后痛心不已，他想：如果能够让天气预报再准一点儿，是不是就能够增加人们在面对自然灾害时的底气？功夫不负有心人，两年后，机会来了——曾庆存被选派留学苏联，跟随国际著名气象学专家基别尔学习。基别尔当时正在研究用"原始方程"测算天气情况，这也是当时困扰整个气象学界的难题。这个难题恰好就被抛给了刚到苏联的曾庆存。把课题了解过一遍之后，曾庆存发现自己的课题根本难以取得进展。他的同学都有很深厚的知识储备，相比之下，曾庆存在数学等基础学科上的成绩并不算好。别说解出困扰学界的"原始方程"了，如果一直这样下去，恐怕想以优异的成绩毕业都是一个问题。

这时，自省思维就发挥了作用。发现了自身知识上的不足，曾庆存不敢懈怠，他一边跟着基别尔学习气象学内容，一边在莫斯科大学恶补基础知识，前后用了一年半左右的时间，终于把各个科目的成绩赶了上来。这样一来，攻克"原始方程"的效率都高了许多。最终，曾庆存研究出了"半隐式差分法"，这个方法也是世界上首个用求解原始方程的方式直接预报天气的方法，至今仍是世界数值天气预报核心技术的基础。

插上脑机接口，运用自省思维

既然认知活动和我们的生活息息相关，比如学习、思考问题、解决难题等，那么自省思维就一定可以帮助我们更加高效地完成任务。

如何培养和提升自己的元认知能力呢？

既然元认知是对认知的认知，那是不是意味着我们要先有一定的认知基础呢？答案是肯定的。首先，我们需要掌握一些元认知的知识。以一些学习策略为例，包括能帮助我们合理安排学习时间的时间管理方法、能帮我们整理和梳理思维的思维导图工具、通过教授他人来深化自己理解的费曼学习法、提高自己记忆能力的记忆宫殿法等。费曼学习法和记忆宫殿法听上去有点高深是吧？其实，费曼学习法就是通过转述、教授别人来巩固自己知识的方法，比如我们今天学习了元认知这个知识点，你学会了然后把它讲述给你的朋友和爸爸妈妈，这就是在用费曼学习法。而所谓的记忆宫殿法，就是利用自己熟悉的一个地方，把这个地方的元素和自己想要记忆的东西联系起来，从而完成对大量信息的记忆。比如看到房间的书柜就想到"library"，看到电影票根就想到"cinema"……记忆宫殿法可以让你更加注重事物的顺序和完整程度。

其次，我们还需要运用自我提问法来监视自己的认知活动。平时在学习或思考的时候，我们可以不断地对自己提问，比如：我对这个概念理解足够深入了吗？现在给我一道新的题目，我能够好好地运用这个方法吗？这样可以帮助我们发现自己的不足，并及时调整和改进。

再次，除了上述两点，与周围的人展开"联脑"学习讨论也是培养元认知能力的重要途径之一。什么是"联脑"学习呢？它是指通过对事物或知识的讨论交流，与他人产生脑力、思维的互动，就像将我们的大脑连接起来一样。当你和你的小伙伴或同学们共同探讨一个问题时，你们会产生不同的观点和解决方案，思辨拓宽了你们的思维广度，也提高了你们的分析和判断能力。

最后，善于反思和总结也是提升元认知能力的有效方法之一。这很好理解，比如我们可以每天花一些时间，记录学习内容和反思自己的学习体验，回顾已经学过的内容，思考自己理解得是否透彻，是否存在什么问题或不足之处……通过这种方式，我们可以不断改进自己的学习方法和思维方式。

自省思维无论在科学研究的领域还是日常生活中都发挥着重要的作用。只有认识到自己的不足并主动寻求进步，我们才能在学习和思考中取得更好的成果。

14

方格思维

绕远路不一定是坏事

　　在开始本节课程前，我们先做一个复习小抽查。你还记不记得，在前面的课程中，我们从哪位科学家身上学到了复利思维？想起来了吗？就是我国的核物理学家王乃彦。其实，王乃彦的老师王淦昌院士，也是我国著名的核物理学家，同时也是"两弹一星"元勋。

　　我们这节课要讲解的科学家思维就出自这两位王院士的故事，而他们的故事要从 20 世纪说起。

　　20 世纪五六十年代，聚变研究处在国际科技研究前沿，也是今天乃至未来的重要研究方向。因为聚变需要的原料可以从海水中提取，所以如果对地球上丰富的海水资源加以利用，那么人类就不用为能源而发愁了。王淦昌以敏锐的眼光捕捉到了聚变领域的发展趋势。于是，他决定从核试验工作转向聚变研究。可我国此时不仅缺乏相关技术，而且缺乏相应的人才，对于聚变领域的研究可以说是一片空白，王淦昌几乎要从零开始。

但王淦昌并没有因此退缩。缺人才？那就去动员，他打算亲自组建一个团队。1978 年，王淦昌被调回原子能院后，在学术报告厅就聚变能源的发展方向做了一次动员报告。当时的报告厅里简直是人山人海，听了王淦昌精彩的报告后，大家纷纷踊跃上前，争先恐后地报名加入王淦昌的团队。王淦昌与这些候选人们一个个谈话，最终选定了十几人组成研究小组，其中就包括王乃彦。

　　团队一经组建，王淦昌就带领大家马不停蹄地开始了研究工作。最初，小组的研究条件相当艰苦，他们甚至没有专门的办公室，只能去一个存放废旧器材的房间里开展研究、报告与设计工作。冬天也没有暖气，连上厕所也不方便。

　　这样艰苦的环境都没有打倒他们，但研究设备短缺的问题着实让大家犯了难。在聚变研究过程中，为了支持强流电子加速器的运行，他们需要一种强大的储能电容器，但是这个关键的设备国内却没有现货可以购买。两位王院士就想：国内买不到，那可不可以从其他国家买来应急呢？正所谓"福无双至，祸不单行"，出于当时国际局势的原因，其他国家都拒绝将这种设备提供给我国。因此，对王淦昌的聚变能研究小组来说，这种电容器竟成了千金难买的无价之宝。

　　面对这样的情况，一般人可能就放弃了。缺了至关重要的设备，聚变研究该如何进行？毕竟，巧妇难为无米之炊。如果你是这样想的，那你就掉入了思维的陷阱。两位王院士和他们的团队可没有这样想，他们反而问自己：没有条件，我们可不可以创造条件呢？新的买不到，可不可以用旧的代替呢？没人卖，那我们自己做！抱着这样的想法，两位院士与团队决定另辟蹊径，自己动手制造这个电容器。小团队夜以继日地工作了两个星期，终于将这个电容器成功做了出来。

聪明的你是否能总结出两位院士在这个故事中运用的思维有什么特点呢？很简单，就是一条路如果走不通的话，我们不要止步不前，可以换一条路去尝试。其实，著名的硅谷女企业家桑德伯格，就对这种思维方式做出了一个很形象的比喻和总结。她讲到，我们在实现目标的过程中可以使用两种工具，一种是竖梯，另一种是方格架。

你可以观察它们的外形特点，然后思考：假设要到达同样的高度，你会选择用哪种工具呢？

关于这两种工具的区别，或许你还不够明晰，那么请让我

来分析一下：选择竖梯的话，你只有两条路，要么往上爬，要么爬下来。可是选择方格架的话，当一条路没法继续向上时，你可以选择平移到一旁的方格，再次向上爬。这下你应该很清晰地知道选择哪个工具了吧。这就是桑德伯格提出的"方格架"理论，也就是我们所说的"方格思维"。这一奇妙的比喻告诉我们，只有拥抱方格思维，灵活地探索更多可能性，我们才能够发现新的解决方案，触及更多的未知领域。

插上脑机接口，运用方格思维

既然方格思维能帮助我们开拓更广阔的人生道路，那么我们该如何将其运用到我们的生活和学习中呢？接下来，我将用学数学的案例来说明培养方格思维的小技巧。我将这个技巧概括为"接受、观察、命名、教育"四个要点（见图 14-1）。

首先，学会接受。假设你在学习数学时遇到了困难。你可能会想："我果然没有学数学的天赋，这么难的题肯定不是我能解出来的，我还是放弃吧。"当我们遇到难以解决的问题时，产生退缩的想法是正常的。但我们没有必要陷入抱怨和沮丧中，而应积极地面对它。

图 14-1　培养方格思维的技巧

　　其次，学会观察。我们要观察是什么激发了我们的思维定式，找到问题的根源，才能发现潜在的解决方案。例如我们可以问问自己："为什么我觉得困难？有没有其他方法来解题？"这样的思维方式将帮助我们找到新的学习途径，比如寻求老师或同学的帮助来获取不同的解题思路，或者利用互联网资源进行学习。

　　再次，给问题命名。例如，给困境命名为"成功之母"，下次再碰到类似困境的时候，我们可以在心里默念这个名字，提醒自己要迎难而上。

最后，学会教育自己。当"我没有天赋""我想放弃"这些想法再次出现时，我们可以尝试把自己想象成一个"小老师"，对自己说："我虽然不太擅长，但我相信勤能补拙，利用合理的思维方式，可以实现更好的效果。"

当你在迷宫一样的人生之旅中追寻目标时，运用方格思维，你就会找到许多新的道路，开启更多新的大门。

15 主动思考思维

人类战胜过的可怕病毒

让我们继续探索，科学家们是如何想常人之不敢想，做常人之不敢做的。

故事要从近代的英国讲起。18世纪，这里正被一种名为"天花"的病毒笼罩在阴云下。你可能没有听过天花病毒，过去感染天花病毒的人死亡率非常高，在16世纪至18世纪，天花病毒在欧亚大陆带走了非常多人的生命，这些感染者的死状也非常可怕。你可能会疑惑，天花病毒和我们这节课要讲解的思维又有什么关系呢？其实这个可怕的病毒早在40多年前就被彻底消灭了，而善于主动思考的英国医生爱德华·詹纳对此功不可没。

詹纳在青少年时期，最开始做的是医生学徒；在经历了艰苦的求学生涯后，他毅然决然地从伦敦返回家乡，成了一名乡村医生。这时的英国正处于天花病毒肆虐的时期，小乡村也未能幸免，詹纳作为医生特地开了一家诊所，专门收治天花病毒感染者。在乡间行医的时候，詹纳偶然间听到村民们讨论，说在农场里挤牛奶的女工没有一个人感染天花病毒。但是大多数村民认为，可能是这个农场位置偏远，也可能是奶牛不会感染天花病毒，所以生活在这里的人们都是安全的。

这条消息触动了詹纳的神经，他走访了许多农场，发现那里的奶牛同样携带着致命的天花病毒。奇怪了，这个农场有什么特别之处？詹纳忍不住思考其中的原因，他带着疑问继续观察了一段时间后，发现这些女工身上都有一个共同特征，那就是她们都轻微地感染过牛痘。牛痘是感染过天花病毒的奶牛身上长出的小脓疱。挤奶的女工经常与牛接触，不可避免地会被牛痘感染。有了这一发现，詹纳不禁猜测，会不会是牛痘让女工们获得了免疫力？

为了验证自己的猜测，詹纳做了个实验。他找到一名八岁的小男孩，先在他手臂上轻轻划了一刀，随后从挤奶女工手上的痘痂里取了一些淡黄色的脓液，把它接种到男孩被划破的皮肤上。一周过后，男孩发了点儿烧，但是没什么大事。而最关键的是，詹纳在六周后给这名小男孩接种了天花病毒，结果这名小男孩果真没有发病。詹纳通过这个实验证明，接种牛痘确实能让人获得对天花病毒的免疫力，他的第一支天花疫苗也就此诞生。

你看，正是因为詹纳在接收到关键信息后立即主动思考并付诸实践，才发明了拯救千万人生命的宝贵疫苗。主动思考思维不光在科学家詹纳的身上得以体现，其实也出现在我们生活中的方方面面。我想问问你，我们过年一定会吃的一道美食是什么？相信很多北方的同学会回答：饺子。如果你吃过饺子，你在旁观家里长辈煮饺子的时候，有没有听过这样一句话——

"煮饺子要加三遍冷水"？如果你听过这句话，是否想过为什么煮饺子的时候要加冷水呢？冷水又为什么要加三遍呢？如果你有过这样的思考，恭喜你！你已经有主动思考的能力了。

饺子的皮和馅由于成分不同，所以煮熟的时间也不同，饺子皮会比饺子馅先熟。但是等到饺子馅煮熟时，饺子皮很可能会因为煮过头而破裂。如果我们向锅内分次加入凉水，使锅内的温度降低，让饺子皮煮熟的速度变慢，就可以让饺子内外部受热更加均匀。讲到这里，已经掌握主动思考能力的你可能会产生新的疑惑：既然加凉水是为了使锅内的温度降低，那么开小火是不是也可以达到同样的目的呢？下次父母煮饺子时，你可以在旁边帮帮忙，观察一下。

主动思考思维可以帮助我们在接收新信息时化被动为主动，从而有意识地做出一些行为和选择。那么，我们该如何培养自己的主动思考思维呢？接下来我们就来聊聊养成主动思考思维的具体方法，我将用一个生活中的小场景，通过三个具体的步骤让你学会主动思考思维。

设想一个场景：假设你和好朋友在一起聊天、喝饮料，你们聊的是最近喜欢的动画片，聊到兴奋的时候，你的小伙伴忍不住手舞足蹈，一不小心就把饮料洒在了你的衣服上。这时，如果运用主动思考思维，需要完成以下几个步骤（见图 15-1）。

图 15-1 运用主动思考思维的三个步骤

第一步，暂停五秒钟。突然被洒了一身饮料，你肯定会很生气，但这时你需要在心里倒数五秒。被洒饮料的意外就是一种刺激，你每次在遇到刺激或新的信息时，给自己五秒冷静时间，然后你再做出反应就会理智很多。

第二步，思考五分钟。你的小伙伴因为失误，洒了你一身饮料，他也很内疚，于是他提出赔你一件新衣服。听到他的想法后，不论是否满意，你都要花五分钟时间好好思考一下，再决定是接受还是拒绝，或是给出更好的解决方案。

第三步，改变"必须"思维。没有什么事是必须的，很多事都有替代方案。经过了前面两个步骤，你可能体会到了小伙伴的愧疚，也会冷静下来不再生气。这时你会发现，衣服脏了可以洗干净，并不一定要买一件新的。即使洗不掉，我们也可以依据污渍的样式在上面进行涂鸦创作，这样，一件有创意的新衣服就诞生了。你看，主动思考的结果是不是很美妙？

总的来说，主动思考的过程就是脱离惯性的过程。学会了运用主动思考思维，你就能化被动接受为主动尝试。

16

概率思维

运气其实是可以操控的

古人常说"天有不测风云"，意思是天气的变化是无法预测的。因为在古代，人们对气象变化的了解还不像现在这样深入，毕竟那个时候没有天气预报。最初，人们通过占卜的方式来预测天气。后来，随着生活经验的积累，人们又发现，云的变化往往是天气变化的信号。例如天空中突然出现了一大片黑压压的乌云，这可能就是下雨的前兆。

到了春秋战国时期，聪明的古人总结出了一套流传至今的气象知识体系——二十四节气。这套规律可以用来指导人们一年的耕种活动。后来，对于变幻莫测的天象，人们也渐渐摸索出了一套自己的分析方法，除了观察云、测量风，还可以通过观察动物的一些行为来判断天气情况。比如，"燕子低飞"或"蚂蚁搬家"都可能预示着会下雨。古人甚至还成立了专门从事气象工作的机构——钦天监，相当于我们现在的天文台和气象局。

千百年来，虽然人们通过生活经验掌握了众多判断天气的方法，但仍然无法较为准确地预测变幻莫测的天气。然而，预报天气在 1960 年的冬天迎来了转机。你还记不记得我们在学习自省思维的时候提到的曾庆存？他通过不懈努力创立的"半隐式差分法"，是世界上首个用解原始方程的方式直接进行天气预报的方法。这个方法不同于之前的占卜或凭经验预测的方式，是一套科学有效的数值预报计算法。

你有没有发现，古代和现代预报天气的方式发生了什么样的改变？古时候，人们只能通过占卜或者经验来摸索天气变化的规律。可如今，我们却能够通过数据的计算，将曾经不太精准的经验变成科学可靠的测算方式。那么，这种科学方式给我们的生活带来了什么呢？我举个小例子，你就明白了。假设你回到古代，观察到路边有一队小蚂蚁正在搬家，这时，熟知规律的你就知道过一会儿可能会下雨。但这也只是"可能"，你也不确定一会儿究竟会不会下雨。回到现代，你听到电视机里的天气预报通知——"一会儿有 80% 的可能性要下雨"。现在感觉到两者的区别了吧，80% 比"可能"的精确度高了很多。没错，科学的测算能带来更加直观、更加准确的答案，这个答案就是概率告诉你的。

或许你还不太明白什么叫概率，没有关系。我再来分享一个有关概率的小故事。在北宋年间，有一位能征善战的大将军叫狄青。据说有一次皇帝派他出去打仗，在他领兵出征的途中，狄青听到有人在军中散布谣言，说有神仙告诉他，这次向南出征一定会失败。恰巧这段时间一连数日暴雨，军队无法向前行进。这样的景象，加上先前的言论，使士兵们纷纷相信了那个造谣者的话，不愿意再继续打仗了，军队的士气也变得非常低迷。

这时狄青想到了一个办法。他将大家带到了一处寺庙前，领着将士们拜了拜佛，又让住持拿出 100 枚铜钱，一面涂黑、一面涂红，对着神像说："本帅今日当众占卜一卦，若此次我领兵出征可以大获全胜，就让百枚铜钱全部红色面朝上。"听到这里你可以先猜一猜，这些铜钱全部红色面朝上的可能性有多大？结果，狄青将铜钱一掷，100 枚铜钱全部红色面朝上，将士们惊喜万分，立刻奔走相告。于是，军队士气恢宏，很快打了胜仗。等到狄青带着胜利的将士们再次走进这间寺庙时，大家发现，这 100 枚铜钱的正反面其实都涂上了红色！

其实，"概率"就是用具体的数据表达某件事发生的可能性。在故事中，你可以发现，如果想要 100 枚铜钱全部是红色面朝上，概率是非常小的，或者说这件事几乎不可能发生。如果你不相信，可以在家中尝试一下，找出 10 枚硬币，看看抛出后能不能让它们全部是数字面朝上。但是，狄青用所谓的"作弊"方法，巧妙地玩了一出"概率游戏"，最终达成了鼓舞士气的目的。你看，曾庆存的"半隐式差分法"提高了准确预报天气的概率，狄青找到了可以使红色面全部朝上的方法，其实他们都在看似需要运气的事情上，找到了隐匿在运气背后的、获得成功的真正途径。这就是我这节课想分享给你的概率思维。

插上脑机接口，运用概率思维

听到这里，你对概率思维有一定了解了吗？我为你客观描述一下：其实概率思维能帮助我们找到运气背后那一套真正的算法，基于计算结果，我们可以科学地预测成功的可能性，而不是单纯地依靠经验。那么，我们要怎样培养概率思维呢？接下来我们通过几个生活中的小场景来聊一聊具体的方法。

例如，你和小伙伴玩飞行棋游戏，每架飞机想要飞出机场，就必须掷出"6"这个点数。如果你们直接开始游戏，就会发现想要掷出"6"这个数字太费时间了，游戏很难进行下去。这时，如果你动脑算一算就会知道，掷出"6"的概率只有六分之一。但如果把规则稍微改一改，加上"5"这个数字，只要掷出"6"或"5"，飞机就可以起飞的话，飞机飞出机场的概率就变成了三分之一。你看，概率变大了，游戏也能更好地进行下去。

然后，试想一下，如果你正打算背诵一篇古文，第一次尝试后你发现自己不能完整地把它背诵出来，但是经过不断尝试后，你慢慢总结出了一些背诵的小技巧，比如在背诵时使用联想记忆法，或边读边写等。这些小技巧便是可以增大背诵成功概率的条件。这些条件不但可以帮助你完成这篇古文的背诵，还可以让你在之后的每一次背诵中事半功倍。

最后，经过推算验证，如果把一件成功率为 20% 的事情重复做 14 次，其成功率就会高达 96%；如果重复做 21 次，成功率将高达 99%。数据可能有些抽象，我再举个简单的例子，你就明白了。

我们上体育课时都打过篮球，把篮球投入篮筐并不是容易的事。但有些篮球爱好者在不断重复投篮这个动作的过程中，总结出了一个方法，叫"三个 90 度"投篮法。它的意思是，你在投篮时，只要保持投篮那只手的大臂与你的身体呈 90 度，大臂与小臂呈 90 度，小臂与手背也呈 90 度，这种标准的投篮动作就会增加篮球进框的概率。如果坚持用"三个 90 度"的方法练习投篮，形成肌肉记忆后，你投中的概率会更高。

17

放大镜思维

一个磨镜片的人，带我们走进了微观世界

用什么样的工具观察蚂蚁，可以让蚂蚁的腿看起来像树枝一样粗壮？你可能会回答放大镜，但我想说，其实还有更厉害的——没错，就是显微镜。这节课的故事就从改进了显微镜的荷兰生物学家列文虎克讲起。

　　列文虎克出生于荷兰代尔夫特的一个酿酒工人家庭。他的父亲很早就去世了，因此 16 岁的他就一个人外出谋生，到阿姆斯特丹的一家杂货铺当了学徒。这家杂货铺的隔壁是一家眼镜店，那里有一种特殊的镜子，能够把看不清的小东西放大。这可勾起了列文虎克的好奇心，每天晚上，他都在思考着这个神奇的镜子究竟有怎样的魔力。终于有一天，列文虎克忍不住跑进眼镜店询问，店主告诉他这种神奇的镜子叫放大镜。但是当他问及放大镜的价格时，他吓了一大跳，因为这个放大镜的价钱比他想象的要贵得多，贫穷的列文虎克只能垂头丧气地离开了。

　　列文虎克走出眼镜店后，恰好看到旁边有位磨制镜片的工匠。于是他想，自己可不可以磨制出一块放大镜呢？他观察一段时间后发现，磨镜片的方法并不难，只是需要很仔细，再加上要有耐心。这一发现让列文虎克非常兴奋，他开始常常去眼镜工匠那里学习镜片的制作技术。为了能有足够的时间磨制镜片，列文虎克转行做了代尔夫特市政厅的看门人，在闲暇之际干起了自己喜欢的事情——磨透镜，并用自己磨制的凸透镜观察自然界的微小物体。从此，列文虎克一心投入了磨制镜片的世界中，不知道经过了多少个漫长的夜晚。功夫不负有心人，他终于成功磨制出了自己的第一个凸透镜片！这个镜片的神奇之处在于，它的直径只有3毫米，却能将物体放大200倍！

可这个镜片实在太小了，列文虎克为了更方便地使用，便亲手制作了一个小架子，把透镜固定在上面。这样一来，他就能更轻松地观察物体了。当列文虎克第一次透过这个放大镜观察物体时，简直不敢相信自己的眼睛！在他的神奇镜片下，鸡的绒毛看起来像粗大的树枝一样，而跳蚤和蚂蚁的细小腿部，居然变得无比粗壮强健，仿佛一根树干！

后来，列文虎克对凸透镜的要求进一步提高，他决定再次改进和提升它的性能。通过反复琢磨和尝试，列文虎克在透镜的底部加上了一块铜板，并在铜板上钻了一个小小的孔。这个小孔能够让光线穿过，然后把观察的东西反射出来，这样人们观察起来就更为方便了。这就是我们熟知的显微镜的最初版本。列文虎克换着花样继续制作放大镜和显微镜，用玻璃、宝石、钻石等材料做透镜。他制作的显微镜不仅越来越多、越来越大，而且越来越精巧、越来越完善，最大可以将物体放大300倍。

你看，列文虎克抓住了一个小小的玻璃片，展开了一场微观世界的探索之旅。他不断观察思考，尝试利用各种方法来打磨透镜，最终创造出了世界上第一台显微镜。我们这节课要介绍的思维就叫放大镜思维，它能够像放大镜一样，帮助我们深入观察问题的微小细节。你也可以将这个思维理解为加法思维，遇到复杂问题，我们只需要加上一个"放大镜"，眼前的困惑就清晰可见了。

插上脑机接口，运用放大镜思维

很多时候，只有将事件放大观察与思考，我们才能看到很多细微的、之前没有意识到的问题。那么，有同学可能会问："我该如何培养自己的放大镜思维呢？"我教你两条黄金法则。

第一条法则，主动放大。在学习生活中，很多时候我们遇到的问题都具有一定的复合性，这时候就需要我们拿好思维的"放大镜"，主动地去寻找这个问题的根源所在。可能很多同学都有这样的经历：自己明明背了很多语文课文，为什么语文成绩还是没有提高呢？如果你将这个问题放大拆解，你就会发现，语文成绩没有提高可能是"作文的分数不够",或者是"阅读理解题丢分太多",这样即使你背再多的课文,也很难提高语文成绩。但如果你找准了问题的关键就是"写作丢分",你只需要把时间和精力集中在对写作能力的训练上,相信之后你的语文成绩一定会获得提升。

第二条法则,防止被动放大。被动放大的情况在我们生活中非常常见,并且会带来很多负面的效果。比如,当你今天需要完成的作业很多时,你可能就会急躁。如果在急躁的情绪中完成作业,你的错误率可能就会升高,这就是你的负面情绪被被动放大的影响。而当你今天一整天只需要完成一项作业时,你有充裕的时间专注于一项任务,完成任务不急于一时,那么拖延就有可能找上你,最后可能会耽误你完成作业,这就是懒惰被被动放大的影响。为了防止被动放大的情况发生,我们可以先区分事件的轻重缓急,越着急的事,我们越要理清楚先后顺序,平稳缓步地完成;而那些看似"不着急"的事,我们也需要给自己设定截止时间,在规定时间内完成。

当你养成了放大镜思维习惯时,今后遇到任何事情,你都能一眼看到其中隐藏的细节,观察到问题的根源,从而做出相应的判断与行动。

18 缩小镜思维

事物都是相对的，有大就有小；有放大镜思维，也有一种思维叫缩小镜思维。"放大"和"缩小"看似是两个对立的事物，但是这两种思维可不是对立的。那么，它们是什么关系，缩小镜思维又是怎么一回事呢？

故事要从心脏起搏器的发明讲起。也许你不知道心脏起搏器是什么。科普一下：心脏起搏器是治疗心律失常和心力衰竭等严重心脏疾病的重要仪器之一。说得通俗一些，就是那些有心脏疾病的人，可以通过植入这个仪器，让自己的心脏能够像正常人的心脏一样跳动。和平日使用的钟表一样，心脏起搏器也需要一种特殊的电池——锂电池才能工作，可这就有了一个续航的问题：锂电池的电能供给只能维持七至十年，而心脏起搏器安装在人体内，一旦电力耗尽，就需要进行手术才能更换，这给医生和患者带来了不小的麻烦。

为此，专家们绞尽脑汁思考了许多种解决方法，例如，是否可以对起搏器进行无线充电。但问题又来了，让人贴着无线充电器进行无线充电，先不说这种操作的可行性，无线充电或许会对人体产生其他影响，而且这个影响的风险似乎又没有办法预测。于是，这个想法被否决了。大家又接着想了其他方法，可是有些方法解决了一个问题，却又会带来别的附加麻烦，因此科学家们一直没有找到满意的解决方案。这该怎么办呢？这时，国际顶尖的纳米科学家王中林院士有了一个大胆的想法：我们每一次呼吸和心脏跳动都会产生一点点能量，可不可以利用这个微小的能量给心脏起搏器充电？这个想法看上去有一定道理，可是这一呼一吸间的微小能量该怎样收集呢？

当时王中林院士的团队一直致力于纳米发电机的研究与开发，他们试图用纳米发电机来收集和转换这些微小能量。听到这里你一定很好奇：什么是纳米发电机（见图 18-1）？

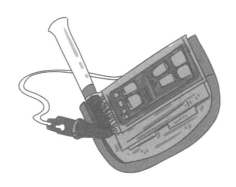

图 18-1　纳米发电机

我们先说说纳米。纳米其实是一种长度度量单位，它比我们常说的厘米、微米要小得多。举个例子，人的一根头发丝的直径是 60 微米，换算一下就是 60 000 纳米，一对比你们应该能想象纳米有多小了。但就是如此小的度量单位，却有一种特殊的技术与之相关——纳米发电。这项技术的神奇之处在于它能够收集人体运动等活动产生的能量，并将这些能量转化为电能，提供给相关电子器件，从而实现电子器件的"自驱动"。

不过，经过一系列的实验后，王中林院士和他的团队发现，心脏跳动产生的电能较低，无法驱动电子器件。但是，王中林院士并没有停止探索的脚步，在受到生物共生现象的启发后，王中林院士在原有研究的基础上，提出了植入式摩擦电纳米发电机的共生型心脏起搏器的想法。看到这儿，你是不是云里雾里的？

简单来说，它可以从我们走路、说话等低频运动中收集能量。人体本身蕴含着巨大的能量，其中肌肉和肢体运动产生的生物机械能最为充沛。这些能量如果能被起搏器利用，就可以大大延长目前植入式心脏起搏器的使用寿命，甚至实现"一次植入，终生使用"。这样，仪器和人体就好像是互相帮助、互相依存的好朋友。

你看，面对起搏器电池寿命短这一问题，王中林院士没有像其他科学家一样，绞尽脑汁地穷举所有的可能方法，而是运用了缩小镜思维，给问题做了"减法"，减去那些不属于他擅长领域的方法，从而将问题收敛到自己熟悉的纳米领域，利用自己已有的知识来改进纳米发电机，找到了新的解决方案。随后，王中林院士又运用放大镜思维，在纳米发电技术的领域里做"加法"，放大领域内的知识和细节，以此进行更加深入的探索和思考。这样不仅精准地解决了问题，而且没有带来其他麻烦。王中林院士正是将放大镜思维和缩小镜思维综合运用，最终破解了难题，取得成功。

插上脑机接口，运用缩小镜思维

通过王中林院士的案例，你知道了缩小镜思维的妙处，那么，我们该如何培养缩小镜思维呢？像培养放大镜思维一样，这里我也有两条黄金法则（见图18-2）。

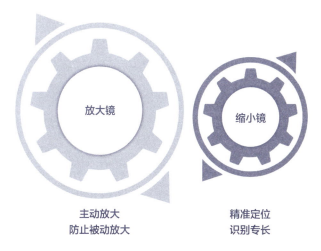

图18-2　放大镜思维与缩小镜思维

第一条，精准定位，剔除无关因素。缩小镜思维要求我们缩小视野范围，把那些无关的、干扰我们的事物及时放弃或剔除。例如，学校明天要组织一场春游活动，你需要自己收拾书包。刚开始收拾的时候，你可能什么都想带，零食、饮料、漫画书等，甚至有些同学还想带上作业本，想利用休息时间做会儿作业。但是，在收拾书包之前，我们要缩小我们的"视野"，看到我们这次出行的目的其实是"游玩"，那么作业和文具就是与本次出行无关的事物。很有可能你带上了它们也不会拿出来，反而会给你的书包增加不必要的重量，为你造成负担。

第二条，识别专长，依托专业知识。每个人都像一个超级英雄，都有自己特别擅长的本领，就像蜘蛛侠有他结实的蛛丝，超人有他的飞行能力。想象一下，如果你让一只企鹅去爬树，是不是有点好笑？就像给大象一双筷子，它根本不会用一样。所以，如果你遇到问题，首先想想能不能用你擅长的方式去解决。如果可以，你就能动用自己的"技能树"，想一想哪些特殊能力可以派上用场。这样，你就能像超级英雄一样，利用自己的"超能力"，精准地解决问题。例如，老师让你和其他同学一起出一期黑板报，可能你不擅长写板书，但是你的画画功底很扎实。那么，你可以主动承担黑板报的绘画部分，与其他写得一手好字的同学，共同完成这一期黑板报的创作。

总的来说，放大镜思维要求我们将简单的事件放大观察并思考，发现细微的问题去解决；而缩小镜思维要求我们做好减法，减少外界的干扰，利用自己擅长的知识去解决问题。

在很多情况下，放大镜思维和缩小镜思维其实是不分家的，像故事里提到的王中林院士，他便很好地综合使用这两种思维模式，取得了成功。在今后的学习和生活中，你也要积极培养和运用这两种思维模式，从而更好地解决生活中遇到的问题。

19

破壳思维

你可能知道，我们国内的标准时间是"北京时间"，那你知不知道北京时间是从哪儿来的？你可能会说，当然是从北京来的呀！其实，北京时间并不来自北京，而是来自陕西省内的中国科学院陕西天文台，它也叫中国科学院国家授时中心。

我国选在陕西建立授时中心是因为，陕西位于我国陆地的中心位置，从这儿发射出去的信号，可以覆盖我国的所有主要城市；而不把我国标准时间叫作"陕西时间"是因为，北京是我们的首都，要以北京所在的时区，也就是东八区作为全国通用时间。这就是"北京时间"的由来，我们这节课的故事就与"北京时间"有关。故事发生在中华人民共和国成立初期，其实当时我国还没有设定自己的标准时间，因为当时还没有相关技术能建造属于我国自己的授时中心。20 世纪 50 年代末，外国人曾提议帮助我们建立授时中心。但是这样一来，中国的时间就只能掌握在外国人手里，这怎么能行呢？可如果我们中国想有自己的标准时间，首要条件就是有原子钟。

讲到这里你肯定有疑问：什么是原子钟呢？在回答这个问题之前，我得再问你一个问题：你知道用什么测量时间最精准吗？你可能会说钟表、手表，这也没错，但原子钟是比我们日常使用的钟表精确度更高的计时装置。普通钟表的精确度是大约每年有 1 分钟的误差，而原子钟的精确度可以达到每 2000 万年才有 1 秒的误差。有了原子钟，我们就可以把中国时间掌握在自己手里了。

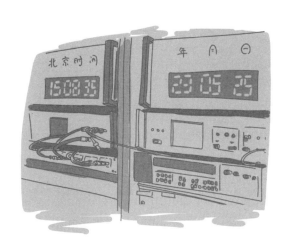

但是，在几十年前，中国原子钟的研究可谓一片空白。这时候有一位叫王义遒的学者先后在北京大学和苏联学习，回国后的王义遒回到母校北京大学工作。他本来打算继续在自己熟悉的领域里工作，可当时中国在科技方面发展相当滞后，就好像一辆"老爷车"在现代赛车的世界里被远远甩在了后头。这时候北京大学无线电系主任劝王义遒先放下自己手头的研究，要为国家重大科研领域做贡献。从那一刻起，王义遒踏上了研究原子钟的征程。

想要实现中国原子钟零的突破这一重大目标，对从未接触过原子钟相关研究的王义遒来说是一个非常艰巨的挑战。当时中国基础科学的发展实在太落后了，外国有与原子钟相关的非常先进的高科技设备。但可惜的是，受当时国际出口限制，这些东西并不能轻松进口到我国。王义遒没有成品原子钟进行参考，便打算自己制作一台。但所谓"屋漏偏逢连夜雨"，外国制作原子钟通常会使用一种专门的化学元素，这种元素在稳定性方面可谓一绝。但是，外国却不肯将它卖给我们，而且国内也没有条件自己制造。此时，王义遒面临着巨大的难题。

那么王义遒是怎么做的呢？我们继续往下看。王义遒想：有没有可能，我们就打破常规，不使用该元素，用其他办法来制作原子钟呢？经过反复的实验，终于，在 1965 年，我国成功研制出了第一台原子钟。

故事讲到这儿，你发现王义遒成功的奥秘所在了吗？王义遒意识到，遵从国外已有的实验方法无法取得成功，所以他果断放弃使用专门元素，改用新方法，这是一种全新的思维方式——破旧立新，在突破中寻求提升与创新。这种思维就是我们这节课要说的突破思维。

突破思维，也叫破壳思维。你可以想象一下，如果从外部打破一枚鸡蛋，那么这枚鸡蛋可能会变成你的食物，被你吃掉然后消化吸收；但如果从内部打破，那么这枚鸡蛋是不是就能孵化出新生命，开始全新的一生？所以，有时候把我们"圈"在原地的，不是外界的因素，而是我们的固有思维。只有学会突破思维定式，用新的眼光去看待新出现的问题，才能打破思维枷锁。

破壳思维不只应用在科技领域，甚至应用到了美食界，创造了 ⑫ 青苹果气球。

当你感到走进思维的"死胡同"时，不妨打破面前的这堵

"围墙"。只要勇于破局，面对困难方可游刃有余。

插上脑机接口，运用破壳思维

我来教你如何运用破壳思维。在日常的学习中，如果我们在面对新问题时直接使用解决旧问题的方法，问题可能得不到很好的解决。如果长久保持这种思维的话，就很容易使思维僵化、视野变狭窄，也会限制想象力和创造力的发挥，甚至扼杀我们的潜能。因此我们要利用破壳思维，突破事物原有的功能属性或问题已有的解决办法，提出解决问题的新思路，使思维变得灵活而富有创造性，从而实现"破圈"。

在科学领域和现实生活中利用破壳思维解决问题的例子还有很多，比如日本东芝电气公司将原本千篇一律的黑色电风扇改成浅色的，使得大量积压的电风扇被抢购一空，打开了全新的销路。虽然谁也没有规定电风扇一定要是黑色的，但它在漫长的时间里已逐渐成为一种惯例、一种传统，似乎电风扇就只能是黑色的。这样的惯例或传统反映在人们的脑海中，便成了一种根深蒂固的思维定式，严重地阻碍和束缚了人们在电风扇设计和制造上的创新思考。生活中还有哪些事物是破壳思维的体现？相信你对吸尘器这个日常家用电器不陌生吧。📢⑬

看到这儿，你可能会觉得，想要培养破壳思维、实现破圈似乎不是件容易的事情，其实这并不难。接下来我们就来聊聊培养破壳思维的具体方法。我概括总结出了三个步骤，分别为"走出舒适圈""拓展学习圈"和"升级成长圈"（见图 19-1）。

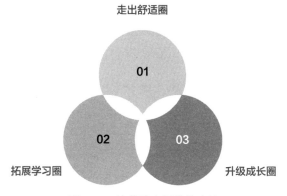

图 19-1　培养破壳思维的方法

首先，"走出舒适圈"。回想一下你在生活中有没有遇到过这样的场景：你本打算好好读一本书，结果看了不到五分钟就觉得看不下去，于是把书丢到一边，开始看你最喜欢的动画片。结果看动画片的时候你感觉"光阴似箭"，一小时转眼就过去了。这时，倘若看书不是一个强制性要求，你是不是大概率会选择明天再看？结果到了第二天，你还是重复了前一天的行为，那么这种行为就会得到一次次巩固。慢慢地，你会发现看书这件事逐渐从你生活里消失了。因为看动画片太舒适、不用费脑，所以你一直停留在自己营造的舒适圈内。当你下次看书时，你可以强制自己再坚持一下，再读五分钟，再读五分钟，再读五分钟……这样，你每天的阅读时间就会逐渐拉长，而当你突破自己的舒适圈时，你会有意想不到的收获。

其次，"拓展学习圈"。这意味着在你走出舒适圈后，接下来可以挑战一些为自己增值的、有难度的事情。举个例子，你之前计划每天背 10 个单词，那么现在可以给自己一些挑战，每天背 30 个单词。只要你开始挑战有难度的任务，并结合运用我们之前学到的"复利思维"，像这样坚持下去，在每天的练习、记忆过程中积累知识、拓展学习圈，下次你遇到不好解决的问题时，你的智慧或许就可以助你一臂之力。

最后，"升级成长圈"。周围的环境和人会对一个人的想法和决策产生一定影响。当你身边的人都处于非常安逸甚至"摆烂"的状态时，你也会认为这是理所当然的并习以为常。这其实是一件非常值得我们警惕的事情，因为长此以往，你也容易停滞不前。所以，不妨多去接触敢想敢做的人，多融入大胆创新的氛围，"升级"自己的圈子，从敢想敢做的人身上找到激发自己前进的能量。

一个人的成长过程其实就是一个不断自我破圈的过程，你只要坚信"我能行""我不怕""我想去做"，就一定会有所成长。未来当你处在看似山穷水尽的境遇之中时，希望破壳思维的学习与培养能够让你打破固定思路的禁锢，发现"柳暗花明又一村"。

20 万花筒思维

乘风破浪的达尔文

说到科学家达尔文，就不得不提到他的著作《物种起源》和他的著名理论——生物进化论，还有那句名言——"物竞天择，适者生存"。达尔文是一位著名的生物学家，也是进化论的奠基人。但你知道吗？达尔文最开始的梦想和生物毫无关系，他想成为一名地质学家。

故事要从190多年前说起，那时的达尔文以"博物学家"的身份开启了一场将近五年的环球航行，也就是这次航行经历奠定了他的思想基础。达尔文沿途考察各地的地质、动植物的特性，采集了无数标本，并对自己的发现做了详细的观察笔记。从此，他开始思考生物的起源问题，最终创立了进化论，颠覆了人们的认知。

　　在航行经过加拉帕戈斯群岛时，达尔文收集了大量的动植物标本，他发现，这里的动植物与南美大陆的有着某种相同之处，但又有点儿不一样；甚至群岛各个小岛上原本属于同一物种的动物，也存在着或多或少的差异，比如每个岛上的海龟壳花纹都不相同，有经验的土著人只要看到海龟壳，就知道这些海龟来自哪个岛。这让当时的达尔文一头雾水：难道造物主要在每个岛上都制造出不同的生物来吗？这工作量未免太大了！这个事实的背后一定隐藏着什么，但那个时候的达尔文还一心想当个地质学家，所以他把注意力都集中在地质考察方面，对这些微小的差异并没有继续深入研究。

　　后来，在旅途中引起达尔文注意的是岛上的鸟类，他认出了十来种鸟，并认为它们原本是同一种鸟，只是因为居住在不同的岛上，结果就变得各不相同了。这时的达尔文已经开始基于不同小岛的地质环境进行思考，这是不是它们为了适应不同小岛上的环境导致的，他还特地记录了不同鸟嘴的形状，这些记录后来就成了进化论的重要依据。

结束环球航行回到英国的达尔文买了一座乡间别墅，他在那里花了十几年时间整理资料，不断思考物种的起源和进化问题，基于前人的研究和自己的观察理解，他相信，进化是简单的事实，已不再需要怀疑。

所以，进化论这个生物领域的理论，与达尔文的地质学视角是分不开的。但你知道吗？进化论的诞生，除了离不开地质学视角，与经济学的理念也息息相关。

随着不断的学习和思考，达尔文越来越肯定"进化"一定存在，但他还不知道到底是为什么。直到1838年的秋天，达尔文读到了英国经济学家托马斯·马尔萨斯的《人口论》，书中在探讨食物供给和人口数量变化的关系时提到：食物供给在成倍增加的时候，人口会以更多倍的速度增长，于是人口增长的速度总会超过食物的供给速度。而在战争、饥荒和瘟疫到来时，人口将会锐减。所以，马尔萨斯的理论认为：有限的食物供给会造成生存压力，导致人口数量由增长状态转变为稳定状态。

根据过去很多年的观察，达尔文发现马尔萨斯的理论可以运用到动物界。他在笔记中这样写道："在长期观察动植物的习性时，我发现所有地方的动植物都随时准备好应对生存的危机。因此，在恶劣的环境下，适应能力强的动植物将会生存下来，而适应能力弱的动植物将会消失，如此反复，新的物种就形成了，进化就是这样产生的。"

达尔文可能讲得很理论化，举个简单的例子你就明白了：如果在恶劣的环境下，嘴巴越长的鸟越容易获取食物，那么拥有更长嘴巴的鸟相对于其他鸟就更容易存活下来，于是拥有长嘴巴的鸟会越来越多。最终，长嘴巴的鸟会成为种群中比例最高的鸟。根据这种情况，达尔文总结出：在自然选择的过程中，适应能力强的动植物会存活下来，然后繁衍出更有优势的后代，几代之后物种之中的小变化会积累成大变化，进化就因此产生了。

达尔文看到了马尔萨斯的工作与动植物种群未解之谜之间的直接联系，最终驱散了遮住真相的最后一层迷雾。1859 年 11 月，

《物种起源》正式出版，书一出版立即引起读者的高度关注和强烈兴趣，此后传遍世界，成为影响科学发展进程的重要作品。达尔文也成为影响人类文明进程最重要的科学家、思想家之一。

这个伟大理论的诞生，离不开那次地质学考察，也离不开那本经济学著作。它是达尔文综合了多学科的视角后，通过思考和研究得出的。这个故事有点长，但是相信你一定能感受到，这种综合多个角度看待问题的思维所产生的能量。这个思维的名字其实很好理解，就叫"多维思维"，但为了体现它产生的"奇妙"能量，我们给它起了一个好听又形象的名字——万花筒思维。拥有了这种思维，就像拥有了多棱镜，即使只有几片纸片，也能看到灿烂的"烟花"。

插上脑机接口，运用万花筒思维

达尔文运用万花筒思维这个小小的"杠杆"，提出生物进化论，"撬动"整个科学界和思想界。事实上，很多科学家都是拥有万花筒思维的典范。比如"两个铁球同时落地"故事的男主角、被称为"现代科学之父"的伽利略，你对他应该也不陌生。

伽利略提出的许多重要力学定律都是结合实验的方法和数学的理论得出的，而他本人就是对天文学、工程学等领域都有深入研究的"万花筒"。我们都听说过物理学家爱因斯坦和他的相对论，但你知道吗，和达尔文受到地质学和经济学的启发提出进化论一样，爱因斯坦提出狭义相对论，其实是受到了哲学思想的启发。所以你看，万花筒思维能让我们从不同的角度思考问题，从而提出独到的见解。

在日常生活中，除了能够帮助我们更高效地解决问题，万花筒思维还能让我们更客观地看待世界，就像诗里说的那样，"横看成岭侧成峰，远近高低各不同"，山的每一种样子都是客观存在的。

例如，在每个班级里，往往都有几个成绩优异、熠熠闪光的"明星同学"，他们因为学习好而总是被看到、被提起……从学习成绩的角度看，他们确实名列前茅。那现在如果我们不谈成绩，有没有哪个同学让你印象深刻？

比如，有的同学能言善道、情商高、人缘好，总能赢得别人的好感与信任；有的同学特别擅长组织活动，总能把一场活动组织得让大家都开心满意；有的同学成绩虽然没有那么好，但他知道许多别人不知道的事情，所以大家都喜欢听他讲故事、和他聊天……

所以你看，这也是一种"万花筒"。万花筒思维不仅是化解难题的利器，而且能让我们在待人接物时更加全面，时刻保持包容的心态。那么，既然万花筒思维这么有用，我们应该如何培养万花筒思维呢（见图 20-1）？

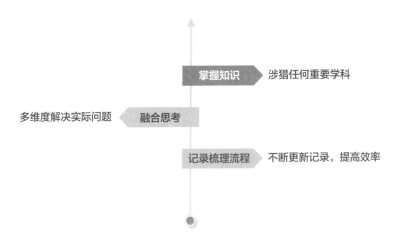

图 20-1　培养万花筒思维的方式

首先，掌握知识。从知识角度出发，我们可以对任何重要学科的知识都涉猎一点。例如，在学习数学的同时，我们也需要了解一些物理、化学、生物学科的相关知识。这其实也是你所处的义务教育阶段正在推行的事，这个学习过程就像一个"打地基"的过程。

其次，融合思考。尝试联系多个维度解决实际问题，让知识形成体系，也就是"融会贯通"的过程。每当你遇到一件事情需要解决时，不妨试着回答三个问题：（1）如果从其他角度思考会怎么样？（2）还有没有别的方法来解决这件事情？（3）这些方法和角度能不能联系起来，共同解决这件事情？如果你能回答好这三个问题，你就已经具备了解决这件事情的能力。

最后，记录梳理流程。把你自己的"解决问题的体系"记录下来，或者梳理成流程表，不断更新。一旦遇到难题，就可以套用上一次的流程框架，既能减少决策的时间，也能提高思考的效率。

不过，我想提醒你：在这个世界上，我们会遇到太多事情，不是所有事情都能通过一个"体系"来解决的，所以我们需要很多个模型、很多个体系，经过长期反复的训练、使用、更新……最终完善整个思维模型。

想从万花筒中看到绚烂的世界，万花筒的每一个部分都十分重要，微小的彩色纸片和反光的多棱镜都不可或缺，而同样重要的还有一双发现"美"的明亮的眼睛。

21

三人行思维

学《论语》的时候，你一定背过这样一句名言："三人行，必有我师焉。"但是，你了解这句名言背后的故事吗？传说，孔子带着弟子们驱车东游时，被一群正在玩耍的孩子挡住了去路。孔子很疑惑，问孩子们为什么不让车。只见一个孩子站起身来，理直气壮地说："这世上只有车绕城而过的道理，还没有把城池拆了，给车让路的说法。"于是，孔子下车看了看，发现路中间摆了一些石子、瓦片。原来，孩子们正在道路中间玩修城池的游戏。孩子得知面前的老先生是孔子后，决定出一道题考考他："我听说您学问渊博，那么您可知天上有多少颗星星，地上有多少五谷，人有多少根眉毛吗？"孔子摇了摇头，说："哎呦，真惭愧，我答不上来。"这时，孩子得意地说："那我来告诉您吧！天上有一夜星辰，地上有一茬五谷，而人呀，有黑、白两根眉毛！"孔子听后非常惊讶，感叹道："这个孩子从独特的视角解决了这个问题，真是后生可畏呀！"是的，这个孩子避开了直接用具体数字回答问题，而是转化思路用量词，概括了星辰、五谷和眉毛。于是孔子转头对弟子说："三人行，必有我师焉。这个孩子虽然年纪小，但也有我们可以学习的优点，不要因为他年龄小就轻视他呀！"

你能用一句话概括"三人行，必有我师焉"吗？没错！就是每个人身上都有值得我们学习的长处，我们要本着谦虚的心态向他人请教。这也是我这节课想要向你介绍的三人行思维。如果你还不太懂具体应该怎么向他人学习，接下来这位动力机械工程专家倪维斗院士的故事，你要好好读一读。

20 世纪五六十年代，我国工业发展急需大量能源。光有燃料是不够的，如何将燃料的能量转化成动力，是我们急需解决的问题，这个过程离不开重要的燃气轮机。燃气轮机相当于人体内供血的心脏，是将能量转变为动力的核心系统。但是，当时别说国内有制造燃气轮机的科学家了，甚至都找不到会使用它的人。有人甚至这样形容：买一台外国的重型燃气轮机，就像给外国开了一家银行，不仅要高价买进机器，一旦机器出了问题，还要花大价钱聘请外国的技术人员来修理。就在急需能源人才的关键时刻，刚上大学的倪维斗主动承担了攻克这项难题的重任。

20 世纪 50 年代，受国家选派，倪维斗在苏联著名的能源工程学校开始了他的留学之旅。

来到苏联后，倪维斗面临着很多困难。起初，他一个俄文字母都不认识，更不用说听懂高深的教学内容了。想象一下，如果你在一个语言不通的国家留学，那么你会如何快速适应环境，跟上课程进度呢？我们来看看倪维斗是怎么做的。面对困难，倪维斗认真分析了一番，他认为，不懂俄语是自己最大的弱点，而身边的苏联本地同学有着天然的语言优势。于是，他将身边的苏联同学视为自己的语言老师，开始向他们学习俄语。

每天晚上，倪维斗都会主动去找苏联的同学一起练习对话。他虚心请教，并且努力地模仿同学们的说话方式，逐渐积累了许多的单词和语法知识。不仅如此，他还常常向其他同学借笔记，通过誊抄笔记的方式加深自己对语言的理解和运用。经过不懈努力，他仅仅用了一年的时间，就从完全不会俄语，到能够和当地人进行正常的交流。五年后，他的俄语流利得让苏联人觉得他是"自己人"。

而且，倪维斗不仅在与同学的交往时运用了三人行思维，他还会从自己所处的文化环境里汲取营养。他注意到苏联的学术氛围特别严谨，例如在工程制图考试时，老师会拿着尺子和红笔在部件图上随意画一条线，再让学生画出这条线上的部件剖面图。此外，老师还要求学生按照规定的步骤和章法来完成作业，甚至连铅笔怎么削、阴影如何画都有一套严格标准。

很多同学因此惧怕这位老师，而倪维斗却不这样想。他再次运用三人行思维，将老师严谨的科研态度视为自己可以学习的优点。从列草稿、做笔记，到完成日常作业和毕业设计，他都一丝不苟地对待。在严谨的学术氛围中，倪维斗逐渐培养起一丝不苟的精神。因此，倪维斗的成绩也特别优秀，他以全部课程均为满分的优异成绩毕业，到后来，反而经常有苏联同学来找他借笔记呢！

倪维斗将自己的这套思维模式，总结成一段关于数字的小口诀："将自己的优点乘以 0.8，将他人的优点乘以 1.2。同时，把自己的缺点乘以 1.2，将他人的缺点乘以 0.8。"通过将自己和他人的优缺点做乘法，我们能够更好地学习他人的长处，改进自己的短处，从而获得更大的进步。这种思维模式与孔子的名言"三人行，必有我师焉"是一致的。

插上脑机接口，运用三人行思维

好，听了倪维斗的故事，你一定体会到了三人行思维的厉害之处，那么，我们该如何在生活中运用三人行思维呢？其实很简单，我将它总结为"三味良方"：一双发现美的眼睛，一颗虚心请教的心，一种总结运用的能力（见图 21-1）。

图 21-1　三昧良方

　　首先，要有一双发现美的眼睛。每个人都有自己的优点和特长，我们应该学会发现并欣赏这些长处。在与他人交往的过程中，我们要认真观察对方的言谈举止、态度情绪等。回想一下，在你的身边有哪些擅长沟通的人，他们的言谈举止让你感到舒服；有哪些非常认真负责的人，总能把事情做到最好。你可以通过倾听和观察，学习他们说话的语气、表情和做事的方式，让自己也能成为一个言谈优雅、处事严谨的人。

　　其次，要有一颗虚心请教的心。面对他人的优点和不足，我们不如学习倪维斗，将他人的优点乘以 1.2，放大一点，专注学习他人的长处。同样，将自己的缺点乘以 1.2，怀着谦虚的心态，正视自己的不足，积极向他人寻求帮助。例如，你的同桌擅长数学，而你擅长英语，你们俩就可以组成一个互助小组，在课后互相为对方解答五道题。这样，你们都可以弥补自己的短板，取得进步。

最后，要有一种总结运用的能力。我们要将学到的知识进行归纳和总结，并加以实践和应用。比如下次解数学题时，试着将新学的小窍门运用起来，看看它到底好在哪儿；或者在一次小组讨论中，想一想如果自己是那位擅长沟通的同学，将会如何表达自己的想法。只有通过实践和应用，我们才能真正将所学知识转化为自己的能力。

22

长板思维

重新发现自己的力量

你有没有注意过自己有什么优点或长处？比如，你的数学成绩很好，思维很灵活；或者你的声音很动听，在唱歌方面很有天赋。现在你可能一头雾水，想知道为什么我会问你这个问题，其实这和我现在要讲解的思维故事息息相关，故事的主人公是诺贝尔化学奖得主奥托·瓦拉赫。

1847 年，瓦拉赫出生在柯尼斯堡的一个律师家庭。他的父母从小就对他极为严格，想将他培养成一位伟大的文学家。于是，瓦拉赫的父母把他送到学校专门攻读文学。可是经过了一个学期的学习，老师竟然在给他的评语中这样写道："瓦拉赫很用功，但过分拘谨，这样的人即使有着完美的品德，也绝不可能在文字上发挥出来。"

瓦拉赫的父母想，既然儿子无法成为文学家，那就做一名浪漫的艺术家吧。于是，他们又送瓦拉赫去学习油画。可瓦拉赫在学习油画的道路上也频频碰壁。教油画的老师觉得瓦拉赫既不善于构图，又不懂得调色，对艺术的理解力也不强，成绩在班上一直是倒数第一，实在不是一个学习油画的好苗子。于是到了学期末，油画老师给他的评语是："你是绘画艺术方面的不可造就之才。"一连两位老师的打击让瓦拉赫的父母有些不知所措，他们想：难道我们的孩子真的成材无望了吗？

这时，有一位化学老师找到了瓦拉赫的父母，对他们说："不如让瓦拉赫试着学习化学吧。"因为，瓦拉赫一丝不苟的性格可能对文学与艺术创作产生阻碍，但在化学实验方面却是难能可贵的品格。于是，瓦拉赫开始跟随这名老师学习化学。这次瓦拉赫表现出了极高的天赋，成绩也名列前茅，成了全校公认的前途远大的学生。后来，他一直在化学领域深耕，最终获得了化学界最高荣誉之一——诺贝尔化学奖。

瓦拉赫在经历了两次失败后，终于发现了自己的优势，找到了擅长的领域，才达成了毕生的成就。他获得成功的关键，正是我这节课想分享给你的思维方法——长板思维，也叫能力圈思维。它指的是，在我们无法做到面面俱到的时候，就要尝试把自己的优点放大，专注于自己的长处，并在这个领域深度钻研；而不要过分执着于弥补自己的短板，这样会耗费大量的时间和精力。如果瓦拉赫没有找到自己擅长的化学领域，而是一直默默地在文学或艺术领域做无用的努力，今天就少了一位举世闻名的化学天才。

其实像瓦拉赫这样善于利用长板思维来扬长避短的科学家，在物理学界也有一位，他就是中国科学院院士杨振宁。

杨振宁在纷飞的战火中长大，童年颠沛流离。他儿时的愿望就是将来可以学有所成、报效国家。当他一路奋进，到芝加哥大学念研究生时，却遇到了难题。他选择的研究方向是实验物理，因为他认为，拥有实验技能会对国家更有帮助。可在研究过程中，杨振宁渐渐发现，即使自己了解再多的物理知识，自己在实验方面的表现也依旧不尽如人意。他在实验室里总是笨手笨脚的，有时还把场地炸得乒乓响。时间一长，动手能力较差的他没有取得任何成绩，同学们还因此取笑他。

这时，一位叫泰勒的老师察觉到了杨振宁的苦闷，他说：

"既然你的理论知识丰富又记得牢靠，不如做理论物理研究，我来做你的导师。"听完老师的话，杨振宁也开始深思，到底是应该专注于自己擅长的理论方向，还是弥补自己动手能力上的不足呢？再三考虑后，杨振宁决定扬长避短，开始跟随导师学习理论物理。他凭借着自己极强的理解能力和高超的数学水平，经过日复一日的努力与学习，在物理学众多领域做出了里程碑式的贡献，最终获得了诺贝尔物理学奖。

不论是瓦拉赫还是杨振宁，他们都在找到擅长的领域后焕发了耀眼的光芒，这其实就是长板思维带给他们的成果。不浪费精力在补足短板之上，而是发挥自己的优势，将擅长的事情做到极致。可能你现在还没有完全理解长板思维的精髓，那我接下来讲的小故事，一定可以让你心领神会。

这是一则童话故事。丛林之中举办短跑比赛，兔子每次都是冠军。可是有一天在河边，一向矫健且灵活的兔子却差点被狼逮住。这时兔子开始思考原因，它觉得是因为自己不会游泳，让它差点命丧狼口。于是它开始和鸭子学习游泳。可是无论兔子怎么学都学不会，还差点把自己短跑的本事都忘掉。鸭子教练想了想，对兔子说："我在水里游得快，可在岸上却跑不起来；你虽然不会游泳，但是短跑没有谁能追上你，为什么非要执着于在水里游泳，而不去发挥自己短跑的优势呢？"兔子听完这番话，陷入了沉思。于是它告别了鸭子教练，继续锻炼自己的短跑能力，后来当它再遇到狼时，一溜烟就跑没影了。所以，兔子和鸭子在各自的领域都很厉害，一旦互换却只会一事无成。

听到这里，你还记得我最开始问你的问题吗——你有什么长处？相信此刻你已经开始审视自己的能力，寻找自己的优势在哪里了。不过，只是找到自己的长处还不够，我们需要好好利用、好好训练，充分发挥它们的作用。

插上脑机接口，运用长板思维

长板思维如何在你的学习和生活中发挥作用呢？我们先从"亚洲飞人"刘翔的故事说起。

刘翔是 110 米跨栏项目的奥运冠军，但他最开始练习的项目却不是跨栏而是跳高。刘翔当初可是一位跳高高手，不过在训练跳高期间，他被来自上海的教练孙海平注意到了。这位孙教练可是培养跨栏运动员的大咖，他一眼就看出刘翔的各方面条件更适合跨栏。不过，孙教练心中也有担忧，因为当时刘翔跳高的成绩相当抢眼，如果跨栏没有训练出成绩，跳高的训练也会被耽误。当时刘翔身上就有这样一道高难度选择题，但是，孙教练还是决定赌一把！

一天，孙教练来到训练场，找到了正在训练的刘翔，从实际出发，帮刘翔分析目前的状况。他深知，对跳高运动员来说，身高是最关键的先天条件。于是，孙教练就开始帮刘翔计算起来：根据父母的身高，估计未来刘翔能长到一米九左右，但是当时，世界上优秀的女子跳高选手身高都普遍超过一米九，更别说男选手了。所以，身高仅仅一米九的男子跳高选手，想要拿到好成绩，可以说比登天还难。

孙教练还补充道："刘翔，你现在跳高成绩好并不代表将来也一定好。等到你将来身高停止生长，你的跳高成绩可能也就止步不前了。那时，你再想转行练别的项目，可就晚了！"听到这里，刘翔紧张了，急忙说："那我就不跳高了，我去练短跑，我百米短跑可跑得飞快！"孙教练笑着回答说："傻孩子，百米比赛是什么人的天下？大部分冠军都被欧洲裔人和非洲裔人包揽了，那明显不是我们东方人的强项，你能出头吗？"刘翔沮丧地说："我短跑也不行，跳高也不行，我没有夺冠的机会了呀！"孙教练安慰道："别灰心，你有独特的优势，只是你自己没发现而已。你的优势就是：在跳高选手里，你跑得最快；在短跑选手里，你跳得最高。"刘翔听了一头雾水。孙教练解释道："单独比跳高或者短跑的话，你确实不算特别突出。但是如果咱们把你在这两个项目的优势结合到一块儿，找一个可以发挥你综合能力的项目，这样你的机会不就来了吗？"刘翔好奇地问："有这样的项目吗？"孙教练回答道："当然有！就是跨栏呀！"

于是从那天起，刘翔正式从跳高改练跨栏。后来的故事，想必你已经听说了，就是 2004 年雅典奥运会刘翔 110 米跨栏夺冠的故事。凭借在跨栏领域的天赋和后天刻苦努力的训练，刘翔成为中国以及亚洲田径史上第一个集奥运会、室内室外世锦赛冠军和世界纪录保持者等多项荣誉于一身的运动员。正是孙教练恰当地运用了长板思维，基于对刘翔基本情况的分析判断，发现他的优势并让他在合适的领域发挥，最终让刘翔取得了傲人的成果。

我们该如何在生活中自主地应用长板思维，发挥自己的长处呢？有几个小方法（见图 22-1）。

1 放弃对完美的执念　　**2** 及时调整航向

3 在热爱的领域深度钻研

图 22-1　应用长板思维

首先，要放弃对完美的执念。在生活中，我们可能想要在所有方面都表现得非常厉害，就好像把人生看作一场全能比赛。可是，如果我们凡事都想追求至善至美，通常会造成"捡了芝麻丢了西瓜"的局面。精准有效地努力，才能在一个领域发挥到极致，收获满意的结果。

其次，要及时调整航向。如果你发现在做某件事时处处碰壁，可以考虑换一个方向。就像在寻宝的旅途中，你会发现某个藏宝点并不是你的最终目标，那么你就没必要硬着头皮往前闯，否则可能会让自己陷入一片迷雾，无法突破。及时转弯，才能发挥出你的最强优势。

最后，要在热爱的领域深度钻研。每个人都有自己喜欢的事情，比如有些同学可能迷恋各式各样的汽车模型，有些同学可能更钟情于跳舞和绘画。俗话说得好："兴趣是最好的老师。"当你在自己热爱的领域做事情时，无须他人催促，你会主动地投身其中。在这一过程中，你会感到身心愉悦，结果也往往尽如人意。

23

发散思维

偷偷在脑子里放烟花

假如把几只飞蛾放在一个玻璃瓶里，它们会怎么样呢？你可能觉得不会怎么样，只是飞蛾被关在瓶子里而已。那么，如果瓶子外面有一盏灯，这时飞蛾又会怎么样？

这个问题就和我们这节课要讲解的科学思维有关，我先不揭晓答案，你不妨认真思考一下。我们一起带着这个问题，探索新的科学思维。

之前我们聊到过登陆月球，现在我们把眼光放到 5500 万公里之外，聊聊火星。你可能会好奇：我们不是正在向着载人登月的目标努力吗，怎么又要登陆火星了？这里的"登陆"并不是人类的"登陆"，而是把探测器送到火星上去看一看，这是包括我国在内的许多国家都在研究的课题。我们要讲的是"好奇"号火星车的故事。在 21 世纪，世界上有三种截然不同的火星登陆方式。第一种是气囊弹跳式，比如 2003 年的火星探测器"漫游者"号就采用了这种着陆方式。气囊弹跳式有点像我们小时候玩的蹦蹦床，被气囊包裹住的探测器在刚着陆时会被弹起近十层楼高，然后经过多次弹跳，逐渐降低弹跳高度，最后在火星表面着陆。

第二种是反推着陆腿式，比如美国的"凤凰"号、我国的"祝融"号火星车（见图 23-1）都采用了这种着陆方式。

图 23-1 "祝融"号火星车

这种着陆方式采用降落伞 + 缓冲发动机反推 + 着陆腿，在着陆时起到多重的缓冲作用。这已经是目前成熟度和使用度都比较高的一种着陆方式了，但"好奇"号使用的却是第三种——空中吊机式。

"好奇"号的设计非常精密，这就意味着它的体积和质量都很大。"好奇"号重达 1 吨，而且它的太空舱比阿波罗登月计划的载人太空舱还要大。那么，想让这台又大又重的探测器轻轻地在火星表面着陆，就需要另辟蹊径。"好奇"号探测器设计者之一海梅·韦多，正是一个非常喜欢提出异想天开的解决方案的人。韦多说过："我担心的是，我们在安排人做安全的事情，但是安全的答案永远无法改变世界。"

她是如何改变世界的呢？她带领团队研究出了空中吊机式的着陆方式，这种方式通过在探测器背部绑上一个八引擎喷气发动机组件来满足大重量探测器的软着陆要求。先弹出舵翼调整重心位置，再弹出降落伞，之后由背包式火箭推进器点火控制火星车下降，最后还要通过操纵悬挂在火星车上的三根缆绳来实现安全着陆。这种着陆方式最为复杂，成本最高，技术也最先进，圆满完成了"好奇"号这个"庞然大物"的软着陆任务。

"好奇"号采用的着陆方式是前所未有的，十分大胆。而韦多这种"异想天开"的思维方式可以追溯到她青少年时期接受的教育。韦多从小就在数学和科学方面表现出惊人的天赋，于是有一天，她的数学老师告诉她："你可以考虑当一名工程师。"少女韦多随口问道："工程不都是男生做的吗？"这里提一句，在那个年代，女性在职场中有着明确的角色，人们往往认为女性更适合当老师，或者心理咨询师。

可是，韦多的数学老师却鼓励她不必理会工程学中的性别失衡，而应该积极挖掘自己的天赋，追求理想。后来韦多就拥有了"不设限"的心态，她也获得了机械和航空航天工程学位，毕业后来到大名鼎鼎的 NASA，也就是美国航空航天局，加入其下属的喷气推进实验室工作，并参与设计了火星探测器。也正是随着韦多的加入，越来越多女性开始在火箭科学这个领域崭露头角。

影响韦多的这种"异想天开"的、"不设限"的科学思维方式，我们把它叫作"发散思维"。发散思维是一种方法，它是以不带先入之见的自由流动的方式产生不同的想法。还记得我在本节课开头提出的问题吗？你或许听说过"飞蛾扑火"这个词，原理是一样的：如果在玻璃瓶底部放置一个光源，当瓶子里的飞蛾遇到瓶底的光源时，它们就会"奋不顾身"地撞向瓶子的底部,即使瓶子并没有封口,它们也很难找到瓶口飞出去;而在没有光的玻璃瓶中,飞蛾或许还会四处碰撞,从而找到飞出瓶子的办法。所以,并不是哪里有光,哪里就是出口;也并不是所有答案都在已有的选项里。在发散思维的过程中,我们不应该考虑任何限制和可能性,而应该随心所欲地接受任何可能出现的想法。

其实,发散思维就是用"一切皆有可能"的目光去看待世界和思考问题,但事实上,我们却很容易忽略发散思维,转而求助于收敛思维。什么是收敛思维呢?例如,我们常常在已有的选项中选择正确答案,这就是典型的收敛思维。收敛思维就像参加一次只有多项选择题的考试,你只能从几个有限的预定选项中选择,不能写一个新的答案。而发散思维更像一道作文题或论述题,按照大致方向言之有理即可,于是答案就有了若干种可能,可能两篇文体和立意完全不同的作文,最终都成了满分作文。

相信现在你已经对什么是"发散思维"有所了解,回想自己思考问题的方式,从前的你是更倾向于"找光源",还是更倾向于"找出口"呢?从今天起,你又要如何书写自己的答案,努力写出"满分作文"呢?

插上脑机接口，运用发散思维

通过韦多和她参与设计的"好奇"号的故事，我们对发散思维只建立了初步的认识。那么现在，我们就来一起拆解一下发散思维，探讨如何一点一点地成为一个具有发散思维的人。

我们先来拆解一下发散思维的三个层次（见图 23-2）。

图 23-2　发散思维的三个层次

第一个层次，从事物本质出发，思考各种可能性。例如，当提到"葫芦"时，你会想到什么？这时我们就可以从葫芦具有的特征开始展开联想——葫芦的形状是"8"字形；葫芦是空心的，可以用来装水；葫芦本身是一种爬藤植物；等等。

第二个层次，由此及彼，考虑更多延展。例如，葫芦呈现的"8"字形可以让我们想到很多"8"字形的事物，包括沙漏、莫比乌斯环、哑铃等。而葫芦是空心的，这又使我们联想到竹子、管乐器、蛀牙等一系列同样具备"空心"特征的事物。葫芦还可以装水，于是我们又能想到水瓢、酒壶等容器。最后，我们还可以将葫芦与爬藤植物联系起来，想到葡萄、紫藤、爬山虎，等等。

第三个层次，在本质发散的基础上进一步展开联想，将一个事物与更多的事物相关联，尽量发散。以沙漏为例，我们知道沙漏是用来计时的工具，但它还可以让我们想到时光流逝、珍惜时间等更加深刻和抽象的概念。而时光流逝又可以让我们联想到年轮增长、生命的短暂，等等。这样一来，一个简单的事物就能引发出无数的思考和联想，激发出更多的想法和灵感。

通过这三个层次的思考，我们已经从"葫芦"这一个事物发散出了多种联想。而当思考的对象从"葫芦"变成了某个复杂问题时，拥有发散思维的我们也将拥有更多的解决办法。那时你会发现，脚下原本固定的那几条路变成了"条条大路通罗马"的棋盘，这就是发散思维的魅力。

现在我们不妨就用一个更复杂一点的问题来做一下练习。前面我们提到，发散思维更像一道作文题。所以现在，请你以"友谊"为关键词，运用发散思维，形成一篇作文的写作思路。看到这里，你可以先停几秒，梳理好你的思路再继续，因为接下来，我要和你分享我的发散过程了！

如果我需要写一篇关于友谊的作文，我会从友谊的本质出发，联想到朋友之间相互支持、共同成长的情景；然后由此展开联想，我想到了自然界中的共生共存、生态平衡，这些也是和朋友一样互为支撑、休戚与共的关系；再进一步延伸，友谊就上升了维度，它不仅包含着信任、分享、包容等主题，还可以同人与自然和谐相处、人类命运共同体等更深层次的话题联系起来……通过这样的发散思维，我们就能够在作文中表达更多元化和更深入的观点，使作文更具创意和吸引力。

小方法：要问"能够做什么"，而不是"应该做什么"。

　　这两个注意事项，源于我对 🔊⑭ "头脑风暴会" 的观察和思考。

　　在运用发散思维时要注意：我们不应持 "这不可能做到" 的态度，这会激发收敛思维；我们要抵制这种倾向，采取发散思维，多提出像 "如果……是可以做到的" 这样的意见。

　　讲到这里，我们就介绍完了发散思维的层次，以及运用发散思维时需要留意的事项。发散思维是打开创造力和创新大门的钥匙，它能够打破传统思维模式的束缚，让人产生丰富多样的想法和观点，无论在学习还是生活中都值得我们积极培养和运用。我也期待你用发散思维创造出世界上各种问题的更多 "解法"。

24

异常捕捉思维

"嘿！Siri！"相信你对这句话一定并不陌生，Siri是一款手机智能语音助手，当你对着手机讲出这句话时，它就会在手机上回答你"我在"。其实，如今这样的人工智能产品在生活中经常出现，比如爸爸妈妈在开车带你前往目的地时，你听到的语音导航；还有你在商场中遇到过的楼层指引机器人，都是基于计算机创造出的智能产品。那么，你知道为人工智能产品的出现奠定了基础的人是谁吗？他就是我们这节课的主人公——图灵。

故事发生在第二次世界大战（以下简称二战）期间。当时的德国有一支号称"海下狼群"的潜艇队，在大西洋上击沉了英国运送生活物资的大量商船，可是英国人却每次都破译不了这些潜艇的行动计划。这是因为，在德国潜艇队的背后，一直有一台叫"恩尼格玛"的密码机为它们每次的行动保驾护航。这台密码机被称为"不可破解的密码机"。

它是一种有三个小齿轮、像小盒子一样的机器，发送方和接收方各有一台。它通过复杂的加密运算与字母置换，自动产生一组随机的字母串，而且加密机制会频繁更新，加密方案数不胜数。每天有成千上万的情报穿梭在密码机之间，但英国的情报部门对此无能为力。

这时，英国顶尖数学家图灵的加入为损失惨重的英国带来了一线希望。图灵被英国军方秘密派遣到历史悠久的布莱切利园，这里是英国政府进行密码情报破译的大本营。而图灵最重要的工作，就是破译这台"不可破解"的恩尼格玛密码机。可是，密码机的复杂运作机制令破译难度非常大。

就在图灵一筹莫展之际，盟军从一艘德军潜艇处截获了一段通信信息，这段通信信息只是一份简单的天气预报，所有人都认为这东西截获了也没什么用处。可就在这一段小小的通信信息里，图灵观察到了别人没有发现的蛛丝马迹——这里面有一种可以被利用的加密模式。利用这种加密模式，就可以制作一种比拥有数百名密码破译者的团队更快执行密码破译的设备。于是，抓住这一微妙线索的图灵立马着手建造起这台破译机，用来快速区分拥有百万种可能性的代码。最终，这台破译机也不负众望，通过极其复杂而庞大的计算操作，成功地在一分钟内破解了两条德军的讯息。从此以后，德国军方在二战期间几乎所有的加密通信都不再是一纸"天书"了，英国舰队也能够更安全地在大西洋上航行。

图灵的故事告诉我们，在注意到一些异常的微妙细节时，我们需要快速捕捉它。这些微妙细节或许就会给令我们一筹莫展的事件带来一些微妙的转机。这就是我这节课想分享给你的异常捕捉思维。

异常捕捉思维不仅在残酷的战争中发挥了重要作用，而且在科学领域上也能大放异彩，比如海王星的发现。📣⑮

当我们面对一件事时，使用异常捕捉思维，就能不忽略它的细枝末节，不落下一处微妙的线索。这就是异常捕捉思维给我们提供的帮助。宋朝的官员、诗人唐庚曾记录这样一件事：有一次，他走进一个大山中的古庙，发现这里的僧人由于总是身处在深山之中，甚至不知道怎样去计算日子。于是他产生了疑问：山中的岁月如此孤寂，僧人们日复一日地生活，如何能感受到时间的推移呢？这时，一位老僧指着地上的树叶告诉他："我们看到叶子落下，就知道秋天要来了。"于是，唐庚明白了，僧人们是通过观察叶子落下的线索，来感知秋天来临的信息的。这也是异常捕捉思维的体现。

我们在前面谈概率思维的时候，讲到了古人用来预测天气的许多方法，其中有一种，就是通过观察动物来预测是否会下雨。聪明的古人发现，在下雨之前，许多动物都会做出异常的举动，比如蚂蚁会搬家、燕子会低飞等。这其实也是我们在生活中利用异常捕捉思维得到的重要线索。

插上脑机接口，运用异常捕捉思维

如果我们在生活中也带着异常捕捉思维去看待问题，是不是也会有意想不到的收获呢？接下来，我将和你分享几个可以培养异常捕捉思维的方法，希望可以帮助你重新发现那些曾经被忽略的细节，让你在以后的日子里像侦探一样，抽丝剥茧，大获全胜。

捕捉异常的第一步就是感知异常。我们需要通过感知自己身边或大自然中发生的不寻常的事来发现线索。相信你在语文课上总是能碰到一个熟悉的人——杜甫。我们最初学他的诗时，学的是"两个黄鹂鸣翠柳，一行白鹭上青天"。我们后来学他的诗时，学到的却是"感时花溅泪，恨别鸟惊心"。你从这两首诗中感受到了什么？没错，是诗人情感的变化。同样是对自然景色的描写，前者表达了诗人对盎然春色的喜爱，风格明丽悠远；后者却是诗人对于国破的哀痛。能感知这些细微的变化，不论对学习古诗，还是对理解杜甫这位大诗人，甚至是对了解当时的历史事件，都有很大的帮助。

第二步，建立我们的好奇心。在日常的生活中，遇到不明白的事情，我们要带着一颗充满好奇的心去探索世界。而好奇心的培养不仅可以在书本中，而且可以在大自然里实现。我们都知道，大自然中存在着许多种昆虫，如果你稍加观察，就会发现蝴蝶有很多种颜色：有白色的、有黄黑相间带花纹的、有蓝色带黑色轮廓的……但你有没有好奇过，为什么这些蝴蝶的颜色都不一样呢？为什么它们有的颜色很单一，有的却是绚丽多彩的？这种提出疑问的过程，其实就是建立好奇心的过程。有了这样的疑问，你会对它们的生活习性与分布环境产生好奇。带着对它们的好奇，你会不由自主地在大自然中寻找它们的身影，然后去主动学习相关知识，以解答自己的这些疑问。周而复始，你会不断地发现并想去探索事物之间的联系，自己的知识也会越来越丰富。

第三步，及时"捕捉"并进行多角度思考。有了感知力和好奇心还不够，我们还要在异常信息出现后抓住变化的细节并探索原因。前面我们提到，通过两首诗的学习，我们发现了杜甫诗歌风格的改变，那么，是什么造成了这样的改变呢？你可以从很多方面进行思考：从他个人的角度去思考，比如是不是他的人生遭遇了什么变故？也可以从你知道的历史角度去思考，比如是不是这个时候国家发生了战争？像这样展开多方面的思考，会让你更全面地认识杜甫、了解这两首诗，甚至当时的一整段历史。

第四步，进入练习模式，在大量的重复中寻找异常事物。通过对比，抓住事物之间的相似之处和差异之处，从而调整下一步的策略。我举个例子你就明白了：在做数学题时，通过大量做题，我们会总结出一个错题集；这时你可能会发现，你错的题大部分都是同样类型的，那接下来，你要专门攻克的对象就变成了这个类型的题。如果你发现你错的题突然变成了另一种类型，你就可以迅速地抓住这一点，从而改变学习策略，再去攻克新类型的题目。

好了，通过对异常捕捉思维的学习与培养，相信你在生活中遇到困难时可以找到那些异常的关键线索。这节课到这里就要结束了，同时，我们的系列课程也要结束了，希望你可以在课程中学有所得，利用学到的科学思维，带着科学家的大脑冲向未来！